今日から
モノ知り
シリーズ

トコトンやさしい

クロスカップリング反応の本

鈴木 章 監修
山本靖典
江口久雄 著
宮崎高則

クロスカップリング反応は、異なる分子の炭素と炭素を自在につなげることができる有機合成反応です。私たちの社会を支える高機能な有機化合物（電子材料、医農薬など）の製造に利用されています。

B&Tブックス
日刊工業新聞社

はじめに

有機化合物とは炭素–炭素骨格を含む化合物で、私たちの暮らしを支える製品（電子材料、医農薬など）に広く使われています。もともと有機化合物は、生物体が作り出す化学物質の総称でしたが、現在では有機合成反応という技術により、多くの有機化合物が人工的に生産できるようになってきました。

有機合成反応では、小さな有機分子を連結させながら、大きな有機化合物を作ることを目指します。この際に必要となるのが、異なる分子の炭素と炭素を自在に結合させる方法の開発でした。１９７２年に、京都大学の玉尾皓平博士らの研究グループは、有機マグネシウム化合物と有機ハロゲン化合物にニッケル触媒を用いて反応させると、効率的に炭素–炭素結合が形成することを見出しました。異なる分子の炭素と炭素を自在に結合させる「クロスカップリング反応」の誕生です。私たちの研究グループは、１９７６年に有機ホウ素化合物を用いるクロスカップリング反応を開発しました。有機ホウ素化合物は毒性が少なく、水や空気にも安定なため、工業化技術としての利用検討が大きく進展しました。現在では、クロスカップリング反応は、農薬（殺菌剤、除草剤）、医薬品（降圧剤、抗がん剤）、電子材料（液晶、有機ＥＬ）など様々な工業製品の製造に利用されています。

今回、クロスカップリング反応の基礎（学術的解説）と応用（産業利用）を分かり易くまとめる書籍出版を企画しました。筆者は、私の最後の弟子である北海道大学の山本靖典博士（特任准教授）と、長年親交のある東ソー株式会社の江口久雄博士（有機材料研究所・所長）、宮崎高則氏（有機材料研究所・主任研究員）にお願いしました。

本書は7章で構成されています。第1章では、クロスカップリング反応の概要をまとめました。第2章〜第4章では、クロスカップリング反応を学術的に解説しました。第5章〜第7章では、クロスカップリング反応の産業利用例を紹介しています。本書を読めば、クロスカップリング反応は、日本の学術研究者と企業研究者が先導して発展させた世界に誇るべき反応技術であることが良く理解できると思います。

「資源のない我が国にとって、ユニークな技術と人材こそが資源である」と考えます。本書を通じて、クロスカップリング反応の面白さを理解し、化学（科学）に興味を持つ若者が増えることを強く願っております。

最後に、本書の執筆にあたり、多くの方々に情報提供などのご協力をいただきました。また、日刊工業新聞社の阿部正章氏には、本書の企画から出版に至るまで、大変お世話になりました。ご協力いただいた全ての皆様に、心より御礼申し上げます。

平成29年5月　北海道大学　名誉教授

（2010年度ノーベル化学賞）

鈴木 章

トコトンやさしい

クロスカップリング反応の本

目次

目次 CONTENTS

第1章 クロスカップリング反応ってなんだろう？

第2章 クロスカップリング反応ってどうやって進むの

第3章 鈴木・宮浦反応が完成するまで

第4章 クロスカップリング反応の進化と応用

第5章 暮らしを支えるクロスカップリング反応

第6章 健康を支えるクロスカップリング反応

第7章 クロスカップリング反応を支える企業群

第1章

クロスカップリング反応ってなんだろう?

1 社会を支えるクロスカップリング反応

有機合成の中で一番利用される反応

　私たちの社会は、様々な有機化合物（炭素を含む化合物）を利用することにより、発展してきました。もともと有機化合物は、生物体が作り出す化学物質の総称でしたが、現在では有機合成反応という技術により、人工的に生産できるようになってきました。

　数ある有機合成反応の中で、現在最も利用頻度の高い反応がクロスカップリング反応です。クロスカップリング反応の登場により、高機能な有機化合物（電子材料、医農薬など）が工業的に生産できるようになりました。

　クロスカップリング反応が最も役立った例としては、液晶ディスプレイが挙げられます。クロスカップリング反応の利用により、高性能な液晶材料が開発されたおかげで、液晶ディスプレイが広く普及するようになりました。

　最近、ポスト液晶ディスプレイとして、自発光型の有機ELディスプレイが注目されていますが、この主要材料もクロスカップリング反応で合成されています。パソコン、携帯電話のような電子機器や自動車を制御するためには、半導体製品（集積回路）が必要となります。この半導体製品の製造工程でも、クロスカップリング反応が貢献しています。

　クロスカップリング反応を用いることにより、安全性の高い農薬が次々と開発され、世界中の食糧生産量が増加しました。また、クロスカップリング反応は、医薬分野でも活用されています。例えば、世界中に10億人の患者がいるとされる高血圧の治療薬（降圧剤）は、その殆どがクロスカップリング反応を用いる製造法で大量生産されています。最近では、診断薬の分野でもクロスカップリング反応の活用が進んでいます。

　このように、クロスカップリング反応は、私たちの社会を支える有機化合物（電子材料、医農薬など）の進化に大きく貢献しています。

要点BOX

- 高機能な有機化合物の開発に貢献
- 液晶材料も降圧剤もクロスカップリング反応で大量生産されている

クロスカップリング反応の利用分野

2 クロスカップリング反応ってなんだろう?

異なる分子も自由自在に結合

近年の有機合成化学においては、小さな分子を結合させながら、目的の機能を有する有機化合物（電子材料、医農薬など）を合成する手法が主流となっています。この際に重要となるのが、炭素-炭素結合反応（カップリング反応）です。

従来のカップリング反応では、同一分子の結合は容易でしたが、異なる分子を収率よく結合させることができませんでした。クロスカップリング反応は、異なる分子を収率よく結合させる技術です。クロスカップリング反応の登場により、分子設計の自由度が増し、高機能な有機化合物（電子材料、医農薬など）の合成が可能となりました。

左ページに、クロスカップリング反応の反応式を示しました。基本的なクロスカップリングは、有機ハロゲン化合物（10参照）と有機金属化合物を遷移金属という特殊な触媒存在下で反応させます。この反応では、ハロゲン原子（X）と金属原子（M）が接着剤のような働きをして、新しい炭素（C）-炭素（C）結合が形成され、クロスカップリング生成物が得られます。この方法を利用すれば、様々な異なる分子の結合が可能となるのです。

それでは、クロスカップリング反応で作られる具体的な有機化合物の例を見ていきましょう。左ページに、クロスカップリング反応で工業生産されている液晶材料と農薬の構造式を記載しました。いずれの化合物も、丸枠で囲まれた部分が有機ハロゲン化合物に由来する分子構造で、四角枠で囲まれた部分が有機金属化合物に由来する分子構造です。クロスカップリング反応により、異なる分子を結合させる方法で生産されています。

クロスカップリング反応に関する化学の詳細は、第2章で詳しく解説します。クロスカップリング反応の産業利用例の詳細は、第5章、第6章で詳しく解説します。

要点BOX

- クロスカップリング反応は異分子結合技術
- 有機ハロゲン化合物＋有機金属化合物＋遷移金属触媒でクロスカップリング反応が進行

クロスカップリング反応

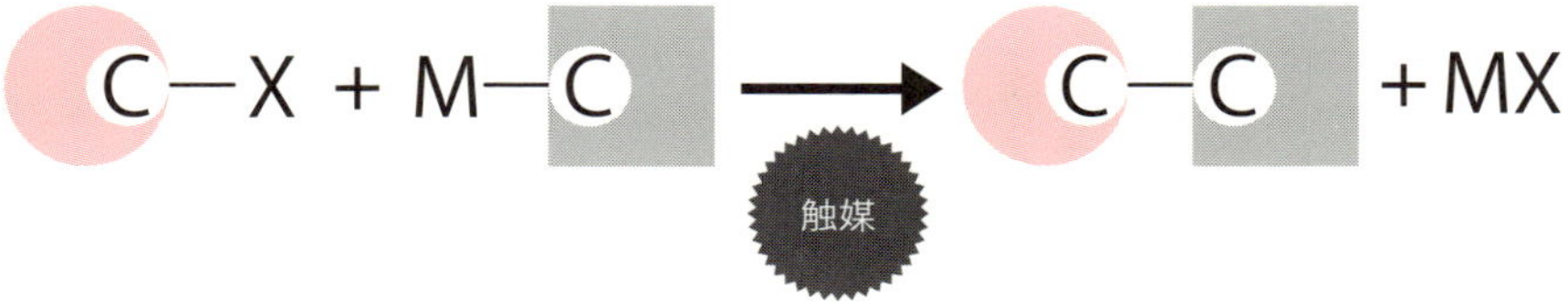

有機ハロゲン化合物
（C=炭素原子）
（X=ハロゲン原子）

有機金属化合物
（C=炭素原子）
（M=金属原子）

クロスカップリング
生成物
（C=炭素原子）

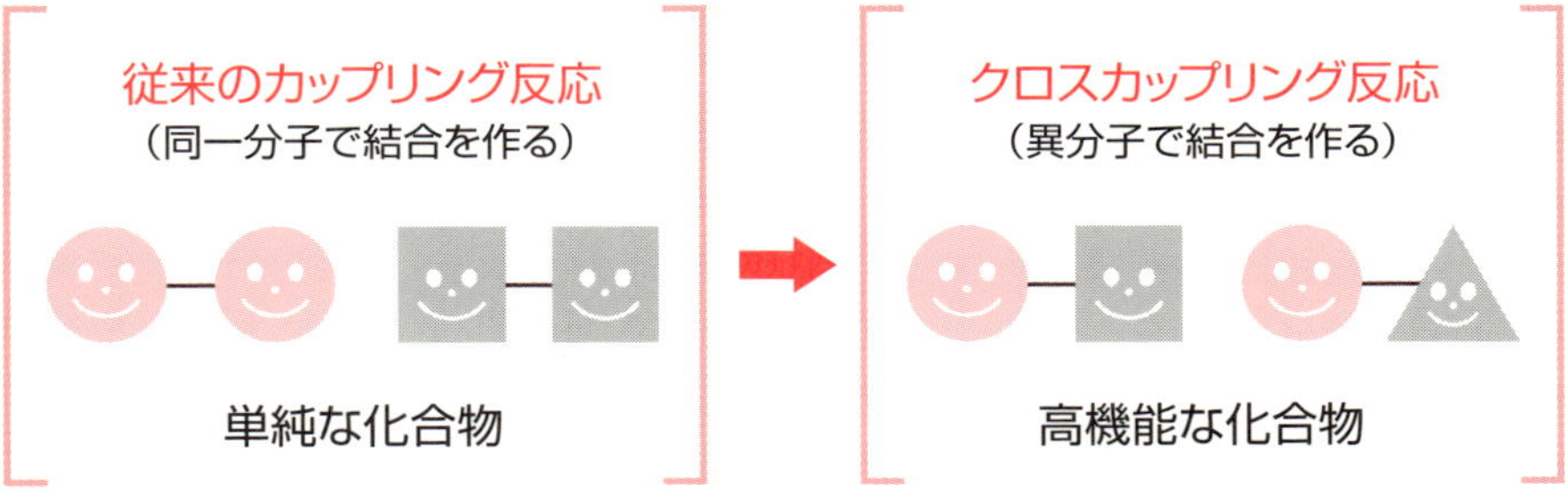

クロスカップリング反応で作られるもの

液晶材料

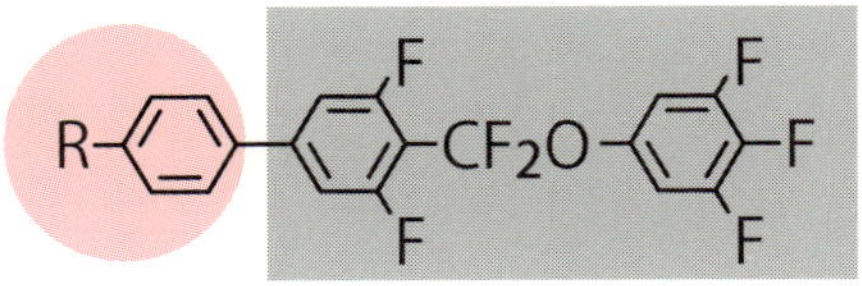

農薬

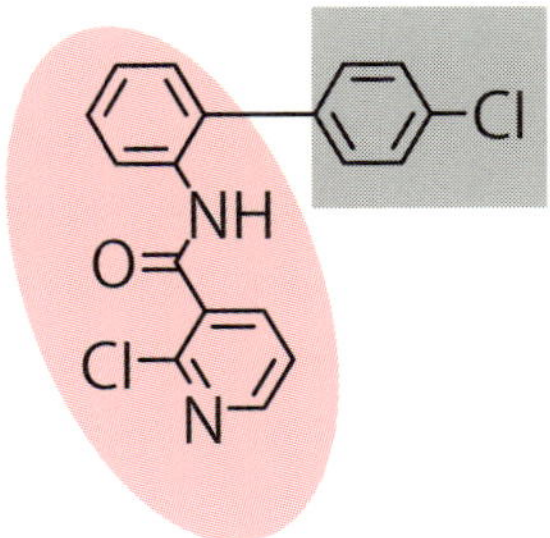

用語解説

収率：化学プロセスにおいて、理論予想される目的物質の量に対して実際に得られた量の割合。一般に百分率（%）で表す。例えば、理論予想量が100gで、実際に70g得られた場合、収率は70%となる。

3 反応開発の歴史

日本人研究者が大活躍

本項では、クロスカップリング反応開発の歴史をまとめました。クロスカップリング反応で、最も重要な触媒はパラジウムです。1965年に辻二郎博士（東レ）は、炭素-炭素結合反応にパラジウム触媒が有効なことを見出しました。溝呂木勉博士（東京工業大学）とヘック博士（米デラウエア大学）は、パラジウム触媒による有機ハロゲン化合物とオレフィン化合物のクロスカップリング反応に成功しました。

1972年に熊田誠博士、玉尾皓平博士（京都大学）は、ニッケル触媒を用いると有機ハロゲン化合物と有機マグネシウム化合物（グリニャール試薬）のクロスカップリング反応が進行することを見出しました。彼らの研究論文には、詳しい反応メカニズムも提案されており、その後のクロスカップリング反応の技術発展に大きく貢献しました。

1976年に根岸英一博士（米パデュー大学）は、パラジウム触媒存在下で、有機ハロゲン化合物と有機亜鉛化合物のクロスカップリング反応が進行することを見出しました。そして、1979年に鈴木章博士、宮浦憲夫博士（北海道大学）は、パラジウム触媒存在下で、有機ハロゲン化合物と有機ホウ素化合物のクロスカップリング反応の開発に成功しました。この反応は、鈴木・宮浦カップリング反応と呼ばれ、工業化技術として広く普及するようになりました。

その後も、クロスカップリング反応は技術進化を続けています。村井眞二博士（大阪大学）によるCH活性化反応の発見や、バックワルド博士（米マサチューセッツ工科大学）とハートウィグ博士（米エール大学）によるアミン化反応の開発などがその代表例として挙げられます。

こうした技術発展の結果、2010年にノーベル化学賞がヘック博士、根岸博士、鈴木博士に授与されました。受賞対象の業績は、「有機合成におけるパラジウム触媒クロスカップリング反応」でした。

要点BOX

- ●辻博士がパラジウム触媒効果を提案
- ●熊田・玉尾博士が基礎反応を提案
- ●鈴木・宮浦博士が技術完成させた

反応開発には、日本人研究者が大活躍

年	発明者	反応モデル
1965	辻	Pd触媒を用いた最初の炭素ー炭素結合反応
1971〜1972	溝呂木／ヘック	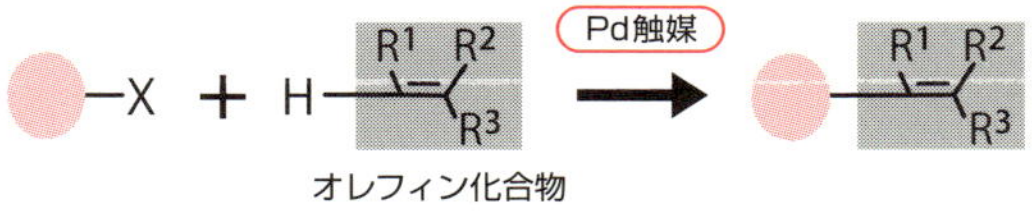
1972	熊田／玉尾	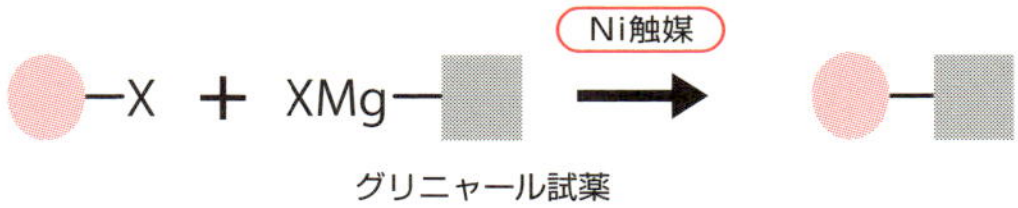
1975	薗頭	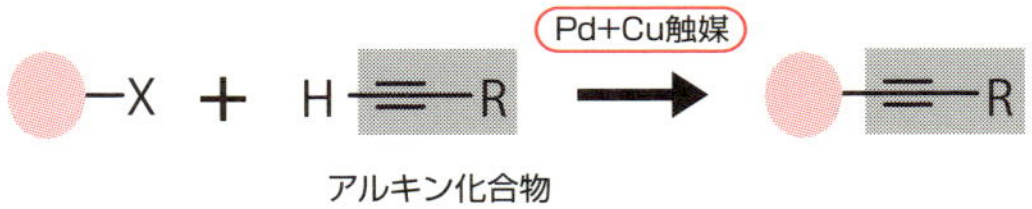
1976	根岸	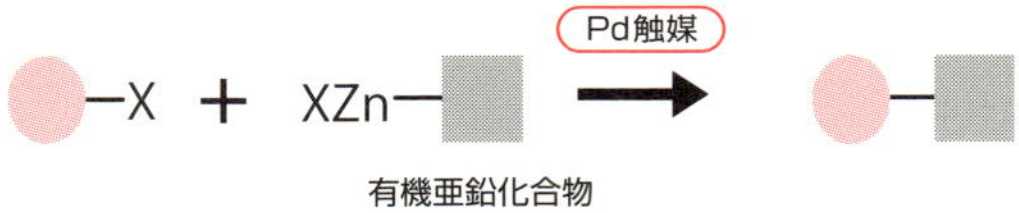
1979	鈴木／宮浦	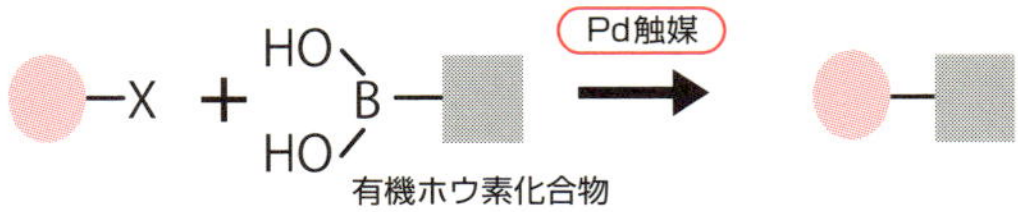
1988	檜山／畠中	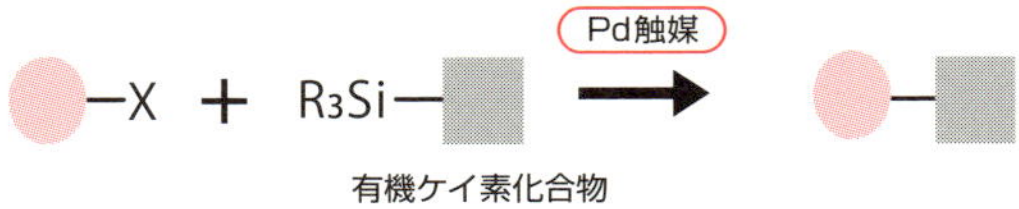
1993	村井	Ru触媒を用いた最初のC—H活性化反応
1994	バックワルド／ハートウィグ	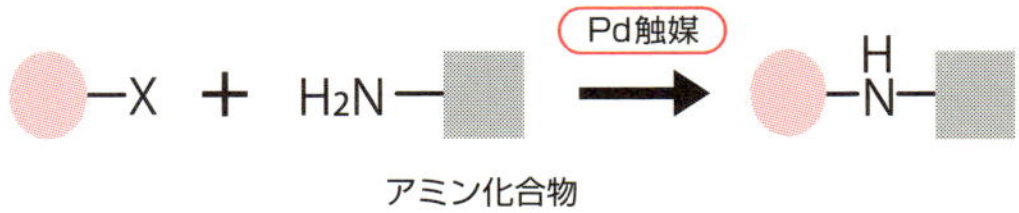
2010	ノーベル化学賞（ヘック／根岸／鈴木）	

4 産業利用の歴史

産業利用も日本企業が大活躍

本項では、クロスカップリング反応の産業利用の歴史について解説します。左ページには、クロスカップリング反応開発の歴史と産業利用の歴史の相関をまとめました。クロスカップリング反応開発には日本人研究者が大きく貢献しましたが、産業利用も日本企業の活躍により進展しました。

クロスカップリング反応の基本反応は、１９７２年に発表された熊田・玉尾・コリューカップリング反応です。この反応を最初に工業化したのは、北興化学工業です。１９８０年代後半に、レジスト材料（感光材料）の工業生産法に採用し、クロスカップリング反応の産業利用の幕が開くことになりました。

１９７９年に開発された鈴木・宮浦カップリング反応は、現在最も産業利用が進んでいる反応です。この反応は、１９９５年頃にチッソ（現ＪＮＣ）が液晶材料の工業生産法に、ドイツのメルクが降圧剤の工業生産法に採用したのが契機となり、産業利用が進みました。

熊田・玉尾・コリューカップリング反応や鈴木・宮浦カップリング反応は、産業利用までに約16年の期間を要しましたが、その後に開発された新しいクロスカップリング反応は産業利用までの期間が短くなっています。例えば、１９９４年に開発されたバックワルド・ハートウィグ反応（アミノ化反応）は、８年後の２００２年に東ソーが有機ＥＬ材料の工業生産法として採用し、産業利用が広がりました。

クロスカップリング反応は、１９７０年代に開発された反応技術ですが、２０００年代に入ると関連する特許・論文数が急増しています。この頃より、産業分野においてもクロスカップリング反応の利用検討が進んでいったことが分かります。

通常、学術研究成果を産業利用することは容易ではありませんが、クロスカップリング反応は日本の産学研究者の努力により、成し遂げられました。

要点BOX

- 初期のクロスカップリング反応は約16年かけて産業利用に成功
- 2000年代より産業利用が急増

産業利用の歴史

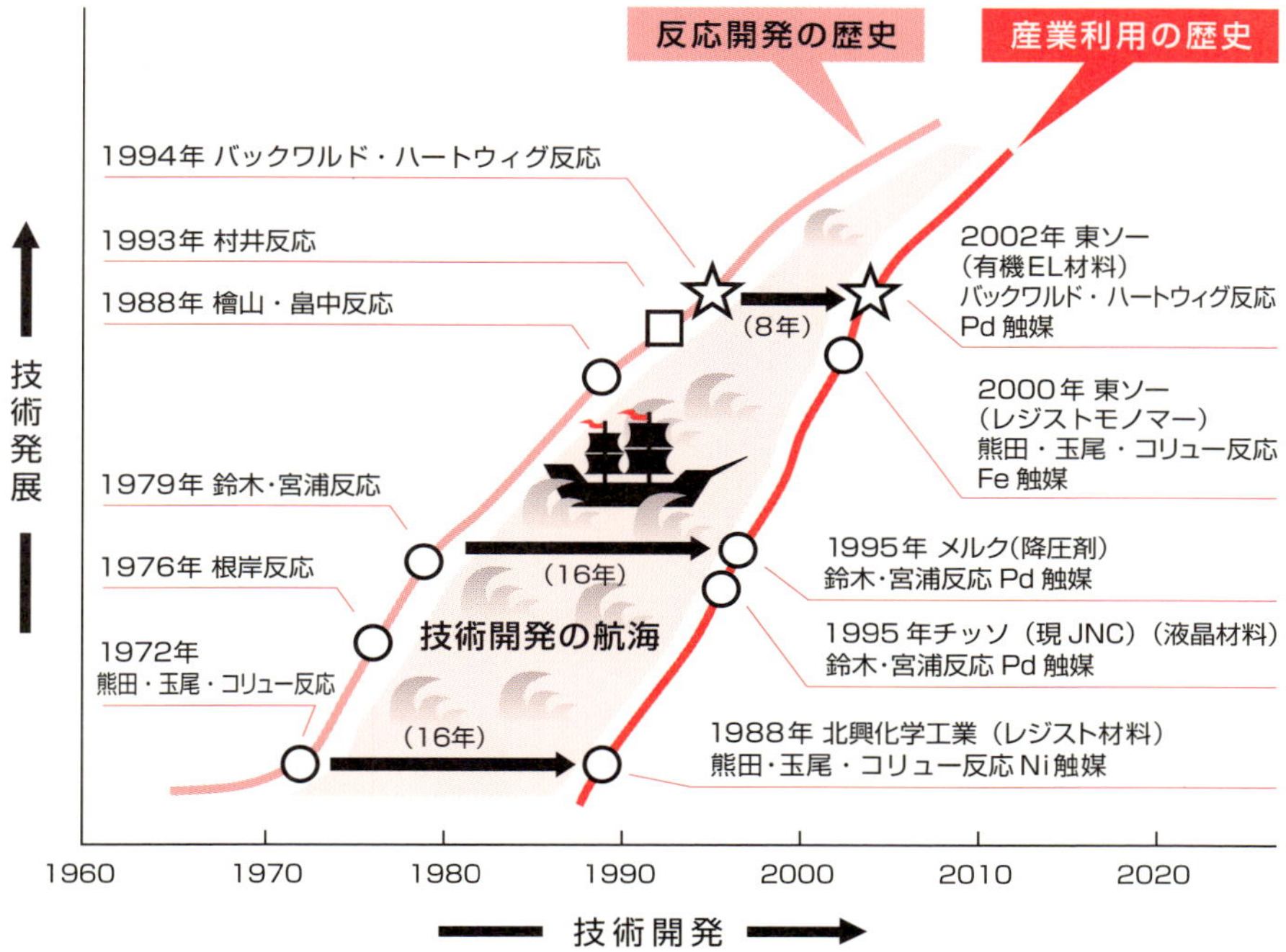

参考：JSTさきがけ「革新的触媒の科学と創製」研究領域説明会資料

クロスカップリング反応の特許・論文数

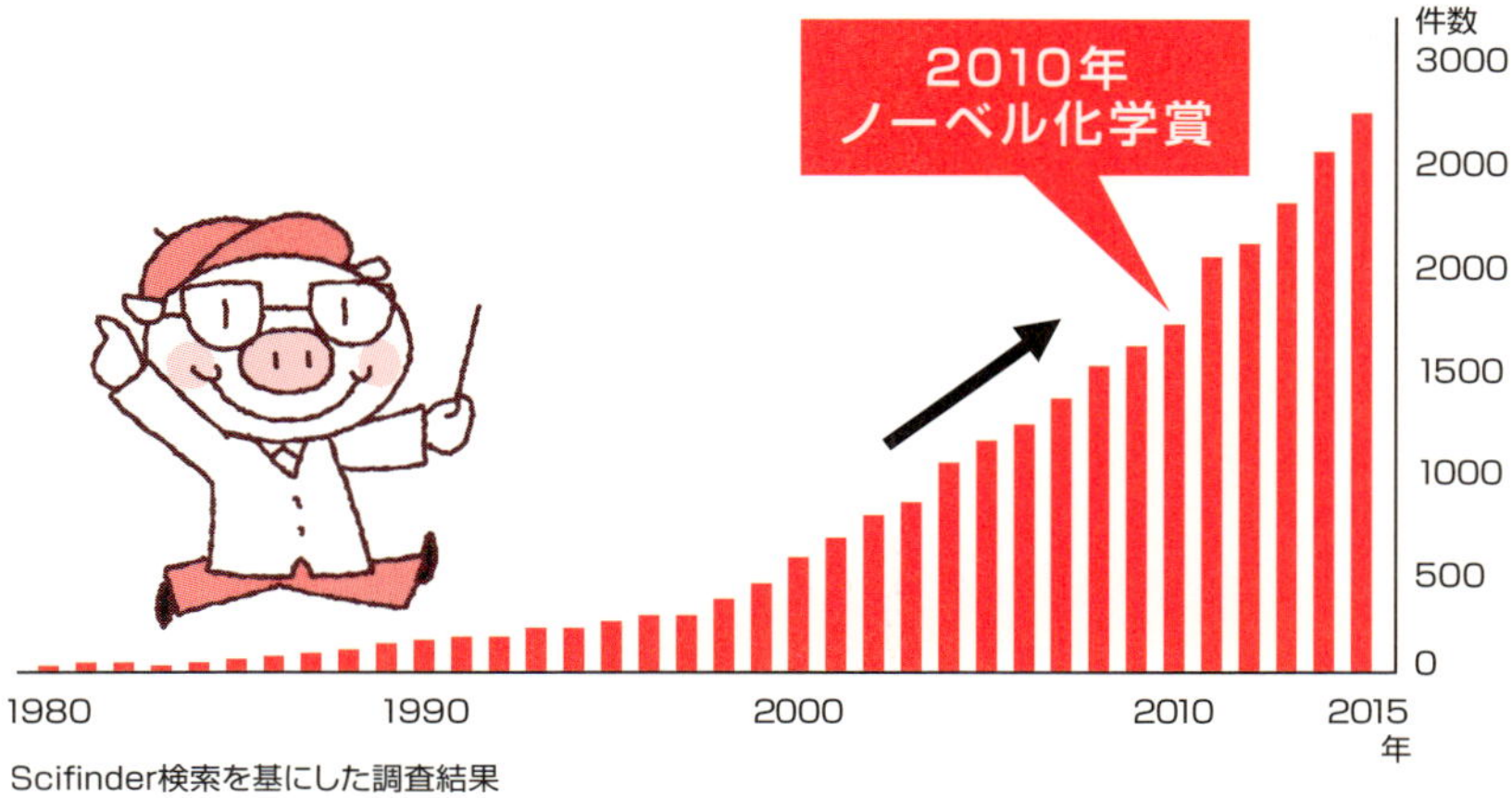

Scifinder検索を基にした調査結果

5 一番使われるクロスカップリング反応

鈴木・宮浦反応が一番使われる

クロスカップリング反応には、発明者の名前が付けられた様々な反応系が知られています。それでは、現在一番多く使われている反応はどれでしょうか?

最近、クロスカップリング反応に関連する論文・特許を反応別に集計した資料（Platinum Metal Rev., 2011,55,84-90）が公開されました。この資料によると、最も報告数が多い反応は鈴木・宮浦カップリング反応であり、続いで溝呂木・ヘックカップリング反応の順番となっています。特に、鈴木・宮浦カップリング反応は、最近では年間１０００件を超える関連報文が報告されており、最も利用頻度の高い反応となっています。

鈴木・宮浦カップリング反応は、パラジウム触媒と塩基の存在下に、有機ハロゲン化合物と有機ホウ素化合物を用いてクロスカップリング反応を進行させることが特徴です。通常、クロスカップリング反応に用いられる有機金属化合物は空気や水分に不安定であり、特殊な反応操作・装置が必要となります。ところが、鈴木・宮浦カップリング反応で用いられる有機ホウ素化合物は、空気や水分に安定なため、特殊な反応操作・装置を必要としません。また、おだやかな反応条件で、反応が高収率で進行する点も大きなメリットです。このような利点から、一番使われるクロスカップリング反応となっています。

鈴木博士と宮浦博士は、１９９５年に鈴木・宮浦カップリング反応の技術の詳細をまとめた総合論文（Chemical Reviews,1995,95,2457）を発表していますが、この論文は現在まで８５００回も引用されており、非常に注目度が高いことが分かります。

鈴木・宮浦カップリング反応に使われる有機ホウ素化合物も、既に数千種類の試薬が市販されています。

鈴木博士と宮浦博士はこの反応に関する特許を出願していません。このため、世界中の研究者がこの素晴らしい反応を利用できているのです。

要点BOX

- ●有機ホウ素化合物は空気・水に安定
- ●鈴木・宮浦反応はおだやかな条件で、反応が高収率で進行する点もメリット

クロスカップリング反応の論文・特許数(反応別)

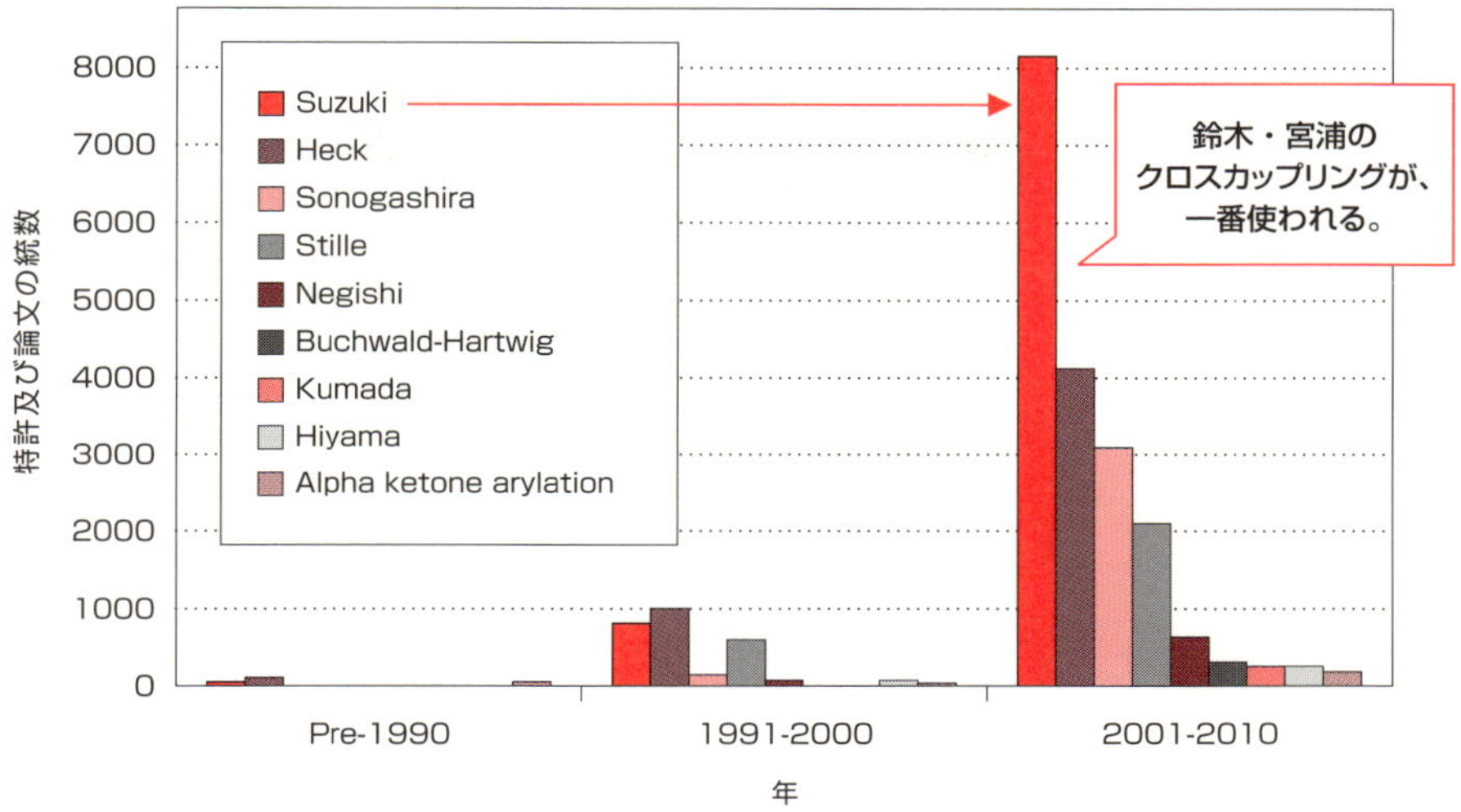

出典：T. J. Colacot, Platinum Metals Rev., 2011, 55, 84-90

鈴木・宮浦クロスカップリング反応について

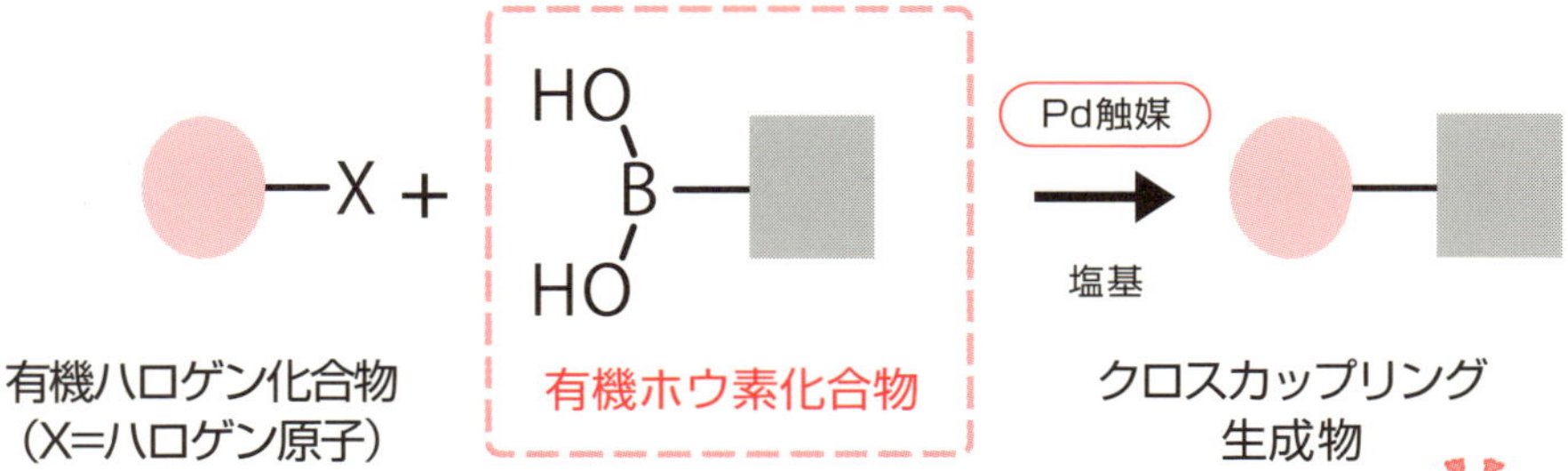

利点

1. 有機ホウ素化合物が、空気・水に対して安定
2. おだやかな反応条件で、反応が高収率で進行

Column

ノーベル賞

ダイナマイトの発明によって富を得たノーベルは、1869年12月10日63歳で亡くなりました。「人類に最大の貢献をもたらした人物に毎年、賞金を贈るものとする」との遺言と共に遺贈した基金を元手に5年後の1901年12月10日、5回目の命日にその年の偉大な発明や取り組みをした人に賞が贈られることになりました。最初は、物理、化学、医学生理学、文学、平和賞が贈られました、経済学賞はスウェーデン国立銀行の創立300周年の記念に1968年から設立されました。各分野3人まで授与されますが、文学賞は個人の業績となることが多いので1人とされます、また、平和賞だけは団体や組織も受賞対象です。授賞式は毎年命日の12月10日午後4時30分からコンサートホールで執り行われます。

受賞者の立場は、対等とは限らず、その貢献度に応じて賞金は分割されます。1901年~2016年までで911の人や組織に対して579回のノーベル賞が授与されています。2回以上受賞した人もいるため881人と23団体が受賞しています。受賞年齢は、最年少は、2014年の平和賞を受賞したマララさん(17歳)で最高齢は、2007年に経済学賞を受賞したハーヴィッツさん(90歳)です。年代別では40代~80代が多く60代256人、50代228人、40代156人、70代143人です。60歳で受賞した人がもっと多く36人です。

2度受賞した人は、「放射線の研究」と「ラジウム・ポロニウムの発見」に関してマリ・キュリー(物理学賞(1903)と化学賞(1911))、「トランジスタ」と「超電導」に関してバーディン(物理学賞(1956、1972))、「タンパク質のアミノ酸配列」と「DNAの塩基配列の決定法」に関してサンガー(化学賞(1958、1980))、「化学結合に関する業績」と「核実験の反対」によるポーリング(化学賞(1954)と平和賞(1962)の4名です。団体では、UNHCR(国際連合難民高等弁務官事務所)に2度の平和賞(1954、1981)、ICRC(赤十字国際委員会)に3度の平和賞(1917、1944、1963)が授与されています。晩さん会は、ストックホルム市庁舎で約1300人が参加します。前菜、メイン、デザートの3品の合間に余興をはさみながら3時間程の会です。1991年、90周年記念事業としてカトラリー(ナイフやフォークなど)が新潟県燕市の山崎金属工業に依頼され制作されました。

第2章

クロスカップリング反応って
どうやって進むの

6 クロスカップリング反応の利点

異なる化合物を狙い通りにつなげる

身の回りにある薬や材料に使われる有機化合物の骨格は主に炭素によって作られています。これら化合物は、石油を原料としたさまざまなパーツとなる化合物の狙った炭素を狙った向きで順番につなぎ合わせて作ります。ブロックで小さなパーツからいろいろな形を作るのと似ています。しかしブロックとちがって炭素原子は安定で他の炭素原子と簡単にはつなぐことはできません。有機化学は、化合物の狙った炭素を狙った向きでつなぐためにいろいろな化学反応を研究し発展してきました。化合物をつなぐことをカップリングと呼び、クロスカップリング反応のクロスとは異なる2種類のパーツ化合物をつなぐことを意味します。クロスカップリング反応のおかげで望みの有機化合物をほぼ自由に作ることができるようになりました。

いくつかあるクロスカップリング反応の中でも鈴木・宮浦反応は、特別な技術がいらず、有機化学を専門としない人でも確実に狙い通りの炭素をつなぐことができるため最終形と呼ばれます。最終形とされる長所がいくつかあります。有機ホウ素化合物は石油を原料とするパーツ化合物から簡単に作ることができます。熊田・玉尾・コリュー反応に使われるマグネシウムを含むグリニャール試薬は、水と反応して分解しますがホウ素化合物は、水の中でも分解することがありません。さらにホウ素化合物はスズ化合物のような毒性もありません。

このようなメリットに加えて複雑で込み合った炭素での反応やアルコール、アミンやカルボニルといった官能基が反応を邪魔しないなど、パーツ化合物さえあればいろいろな有機化合物を思い通りに合成できるようになりました。高度に設計された有機化合物が、ブロックを作るかのように人の手で合成できるようになりました。病気を治す薬や作物を安定に作るための殺菌剤、液晶や有機ELなど生活を便利にする材料の開発につながりました。

要点BOX

- 鈴木・宮浦反応は、確実に炭素をつなぐ
- 狙った化合物を簡単に作ることができる

有機化合物をつなぐ

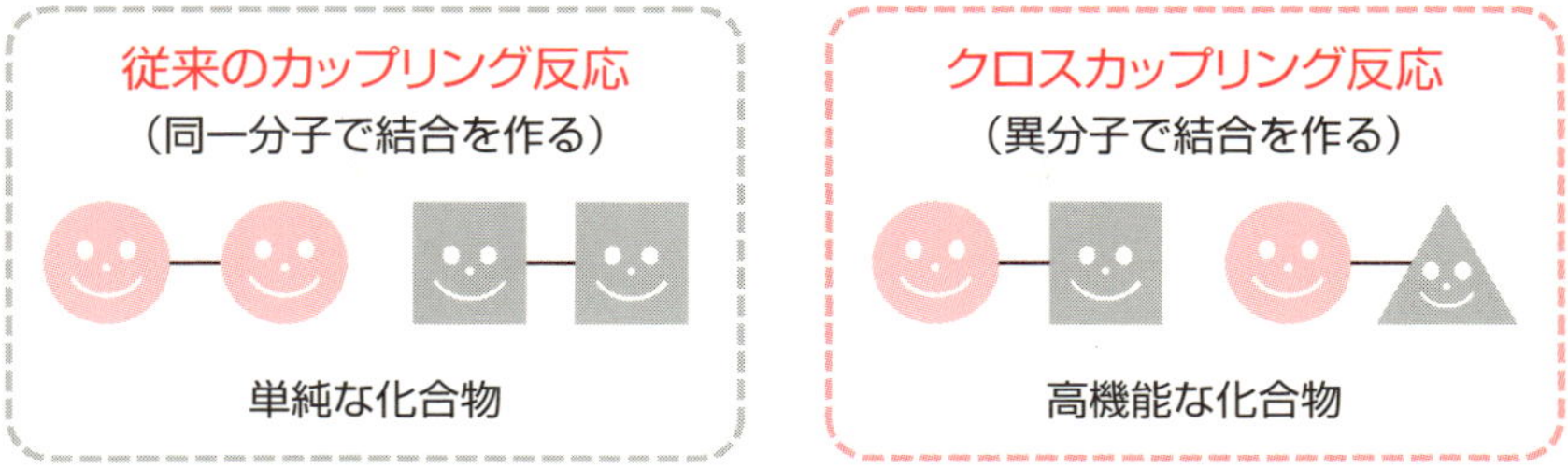
従来のカップリング反応
（同一分子で結合を作る）
単純な化合物
クロスカップリング反応
（異分子で結合を作る）
高機能な化合物

化合物をつなぐことを
「カップリング」と呼び、
異なる化合物をつなぐことを
「クロスカップリング」と
呼ぶのじゃ。

狙った位置で有機化合物をつなぐ

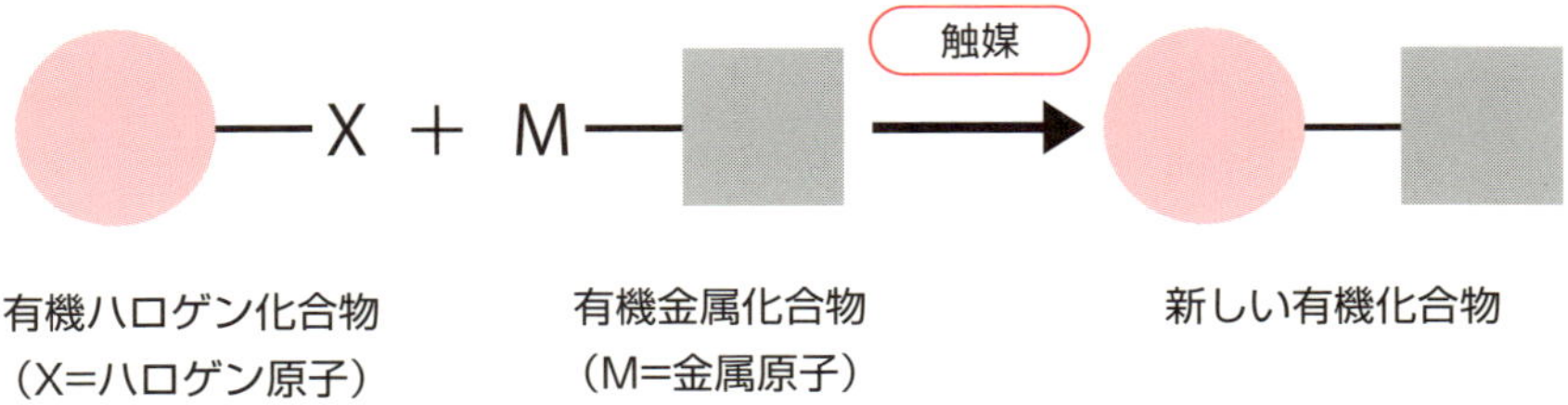
触媒
X ＋ M
有機ハロゲン化合物
（X=ハロゲン原子）
有機金属化合物
（M=金属原子）
新しい有機化合物

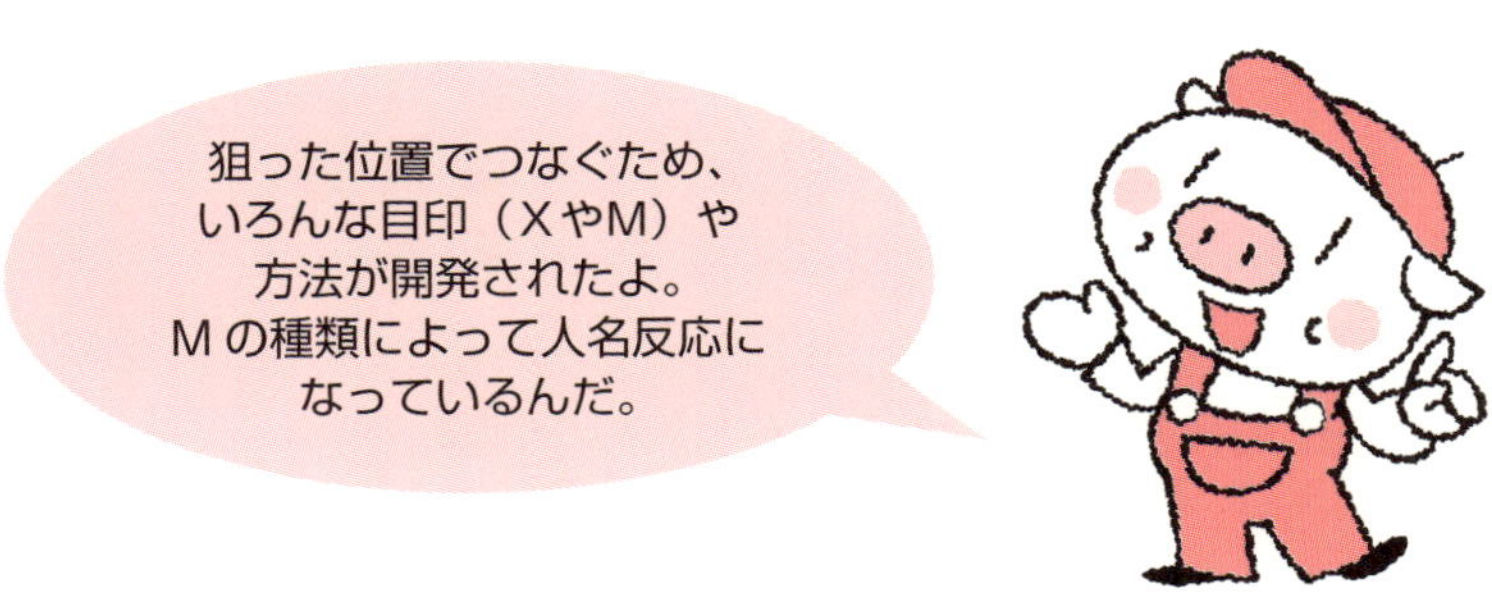
狙った位置でつなぐため、
いろんな目印（XやM）や
方法が開発されたよ。
Mの種類によって人名反応に
なっているんだ。

7 クロスカップリング反応はどうやって進むの

触媒サイクルで炭素をつなぐ

異なる有機化合物の炭素と炭素をつなぐことができるクロスカップリング反応はどのような反応でしょう。炭素の最外殻電子は4個で、４つの結合を作ることができます。結合とは、原子と原子が2電子でつながっている状態です。炭素をつなぐクロスカップリング反応は、この電子を巧みに操り結合を作る反応です。

クロスカップリング反応の中でも最も利用されている鈴木・宮浦反応を例に説明します。鈴木・宮浦反応には、ホウ素と炭素が結合した有機ホウ素化合物とハロゲンと炭素が結合した有機ハロゲン化合物、そして触媒と塩基が必要です。触媒には、パラジウムやニッケルが主に使われます。反応中さまざまな状態を取りながら反応を進み易くし、反応が終了すると元の状態に戻るため減ったり増えたりすることがありません。塩基には、水酸化ナトリウム、炭酸カリウムやリン酸三カリウムなどが反応液をアルカリ性に保つために使われます。鈴木・宮浦反応は、３つの段階を経て進みます。

第一段階は、パラジウムが有機ハロゲン化合物に電子を与え炭素（Ⓐ）とハロゲンの結合が切れ、炭素（Ⓐ）-パラジウム-ハロゲンの複合体ができます。パラジウムは電子を与え酸化されていることから、この段階を酸化的付加反応と呼びます。

続いてパラジウム-ハロゲン結合と有機ホウ素化合物の炭素（Ⓡ）-ホウ素結合の組み換えが起こり、炭素（Ⓐ）-パラジウム-炭素（Ⓡ）複合体ができます。ホウ素とパラジウムに結合している置換基を交換するためトランスメタル化反応（金属交換反応）と呼ばれます。

最後に炭素（Ⓐ）-パラジウム-炭素（Ⓡ）複合体の炭素（Ⓐ）と炭素（Ⓡ）がつながり新しい化合物ができます。この時、パラジウムは電子を受け取り還元されるので還元的脱離反応と呼びます。塩基は、有機ホウ素化合物を反応し易くする役割があります。

要点BOX
- ●酸化的付加、トランスメタル化、還元的脱離
- ●塩基は、有機ホウ素化合物を反応し易くする

鈴木・宮浦反応に必要なもの

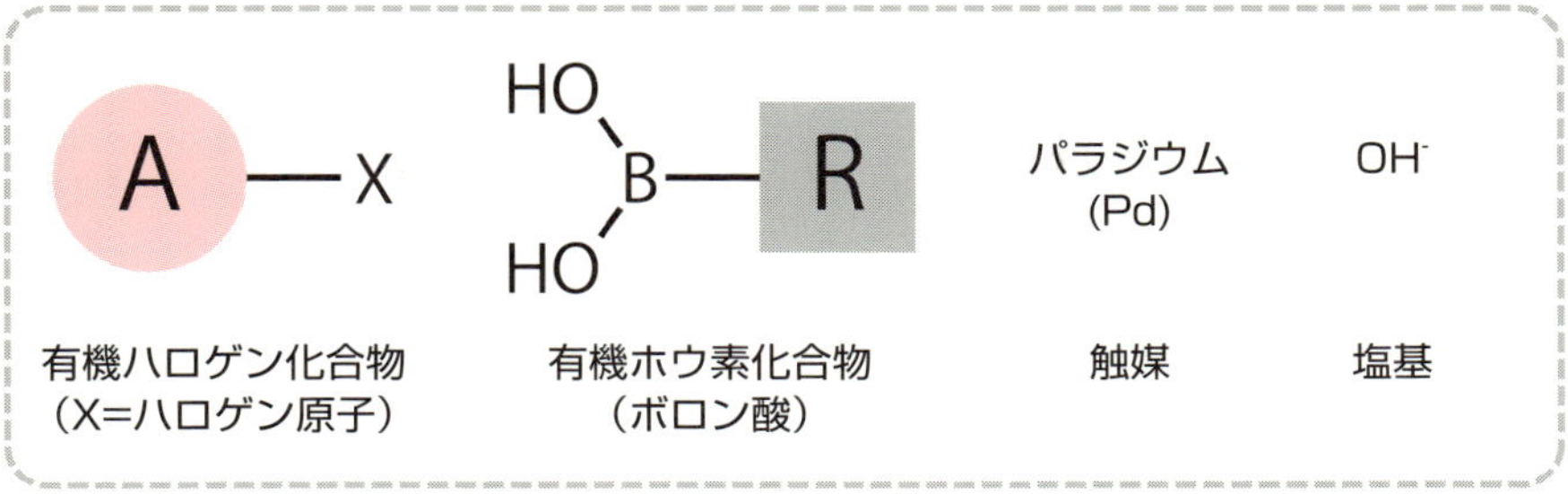

鈴木・宮浦反応の触媒サイクル

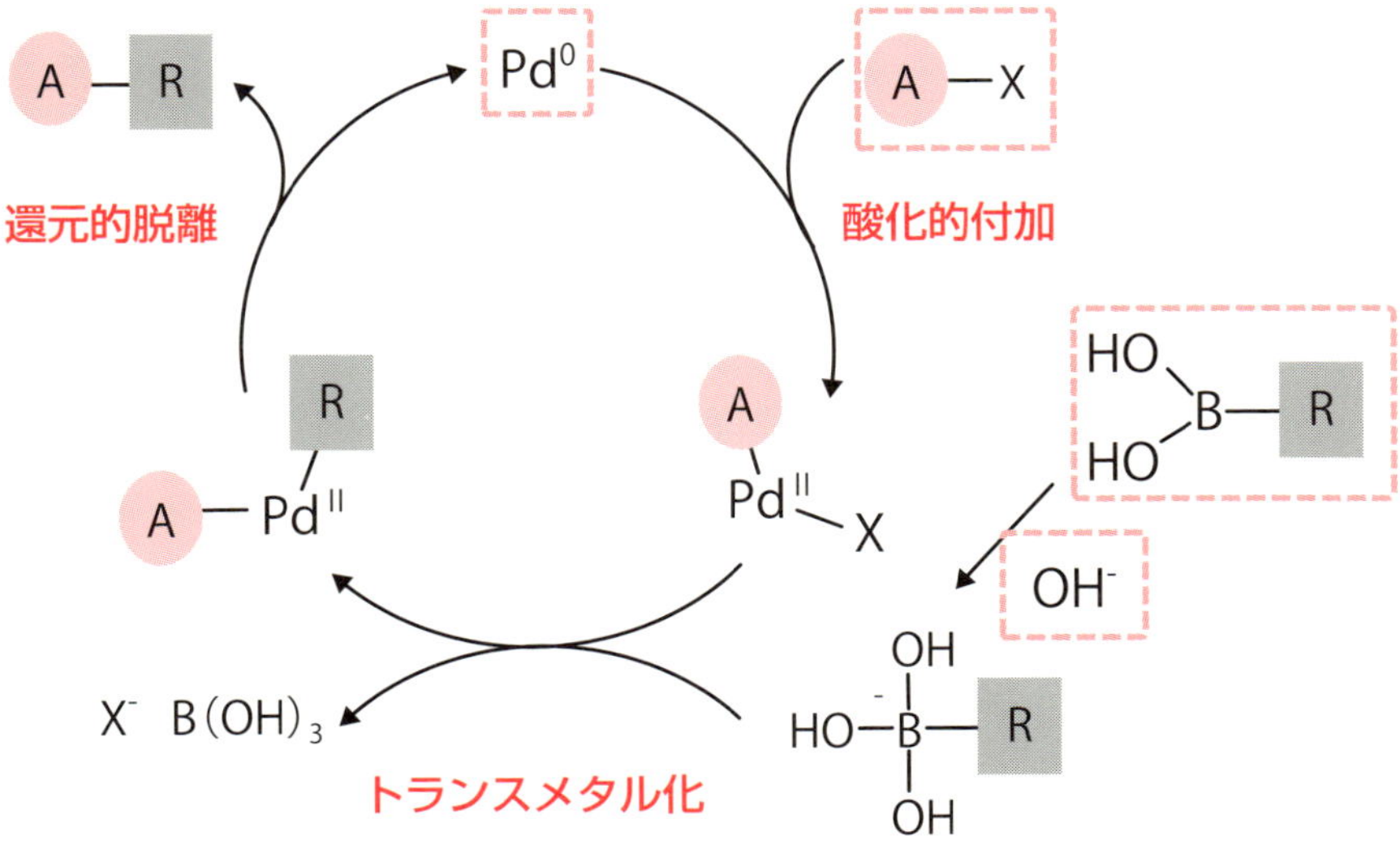

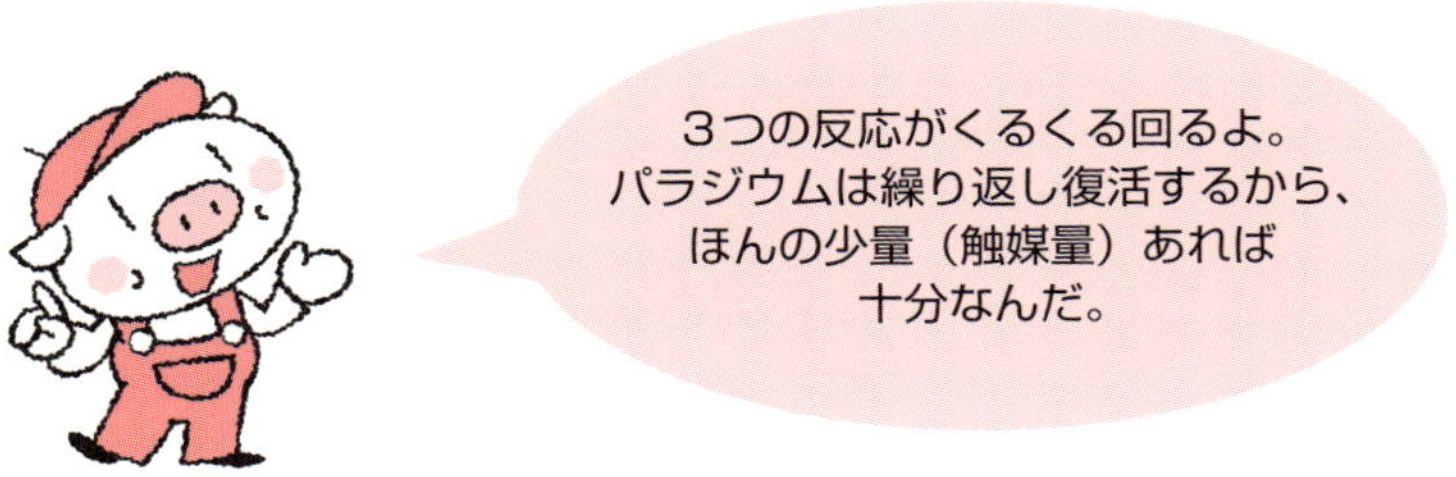

8 触媒とは何だろう

反応を起こす魔法の物質

　前項で触媒は、反応中さまざまな状態を取りながら反応を進み易くし、反応が終了すると元の状態に戻るため減ったり増えたりしない物質と説明しました。触媒はクロスカップリング反応において必要不可欠の物質ですが、クロスカップリング反応以外にも身の回りでは多くの触媒が活躍しています。過酸化水素水に二酸化マンガンを加えると酸素が発生します。この場合の二酸化マンガンは触媒です。窒素と水素からアンモニアを合成する触媒、ポリエチレンやポリプロピレンを製造する触媒、光化学スモッグなどの原因になる自動車の排ガスを浄化する触媒などさまざまです。冷蔵庫の中には、食品から発生する臭いや腐敗を促進する物質を分解するための触媒が使われています。

　化学反応は、あるエネルギーをもった化合物が衝突することで進みます。この時のエネルギーを反応の活性化エネルギーと言います。活性化エネルギーが高いと混ぜただけでは反応しなくなります。触媒を使うと混ぜただけでは反応しないような物質を触媒が捕まえて反応し易い形に変えることで反応します。触媒は、活性化エネルギーを低くして反応を起こし易くします。1970年代初めクロスカップリング反応は、鉄やニッケルが使われていました。しかし、反応できる化合物の種類が限られていたため1975年以降パラジウムを使った反応が研究されました。パラジウム触媒を使うと確実に望みの化合物を合成することができますが、希少な貴金属であるため使用量を少なくする技術や、回収して何度も使う技術も研究されています。

　最近、豊富に存在し価格が安いことから鉄やニッケルが見直され、パラジウムでは捕まえられない化合物を使った反応に使われています。クロスカップリング反応には、有機ハロゲン化合物が使われますが種類が豊富で安価な有機塩素化合物の場合、ニッケルはパラジウムよりも簡単に反応することが知られています。

要点BOX

- 触媒は、変化せず減ったり増えたりしない
- 触媒は、反応の活性化エネルギーを低くする

触媒の役割

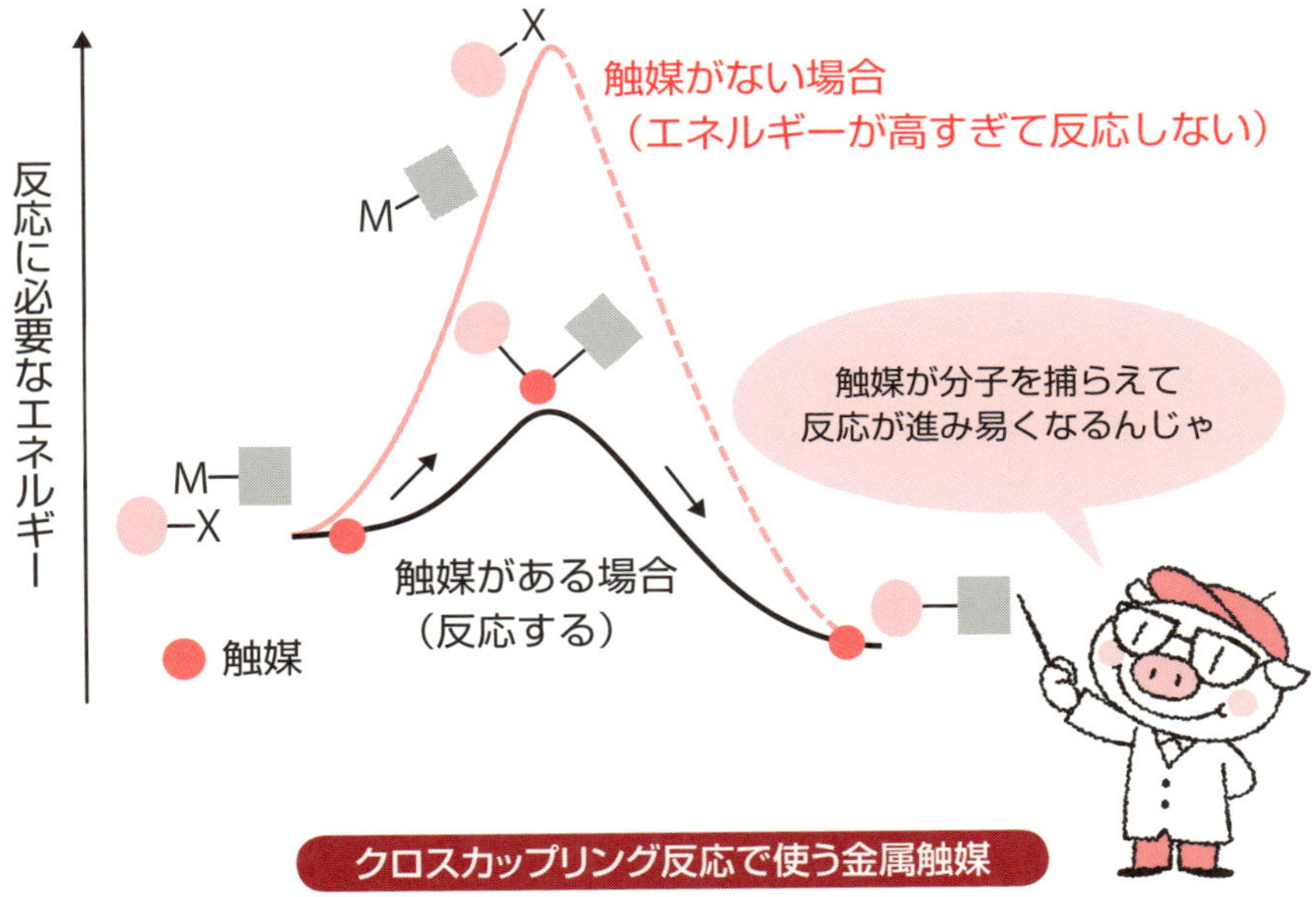
反応に必要なエネルギー
M—
—X
M—
—X
触媒がない場合
（エネルギーが高すぎて反応しない）
触媒がある場合
（反応する）
触媒
触媒が分子を捕らえて
反応が進み易くなるんじゃ

クロスカップリング反応で使う金属触媒

金属種	パラジウム	ニッケル	鉄
安定性	安定（○）	不安定（×）	安定（○）
反応性	高い（○）	高い（○）	やや低い（△）
適用原料	非常に広い（◎）	やや狭い（△）	狭い（×）
価格	高価（×）	安価（○）	非常に安価（◎）

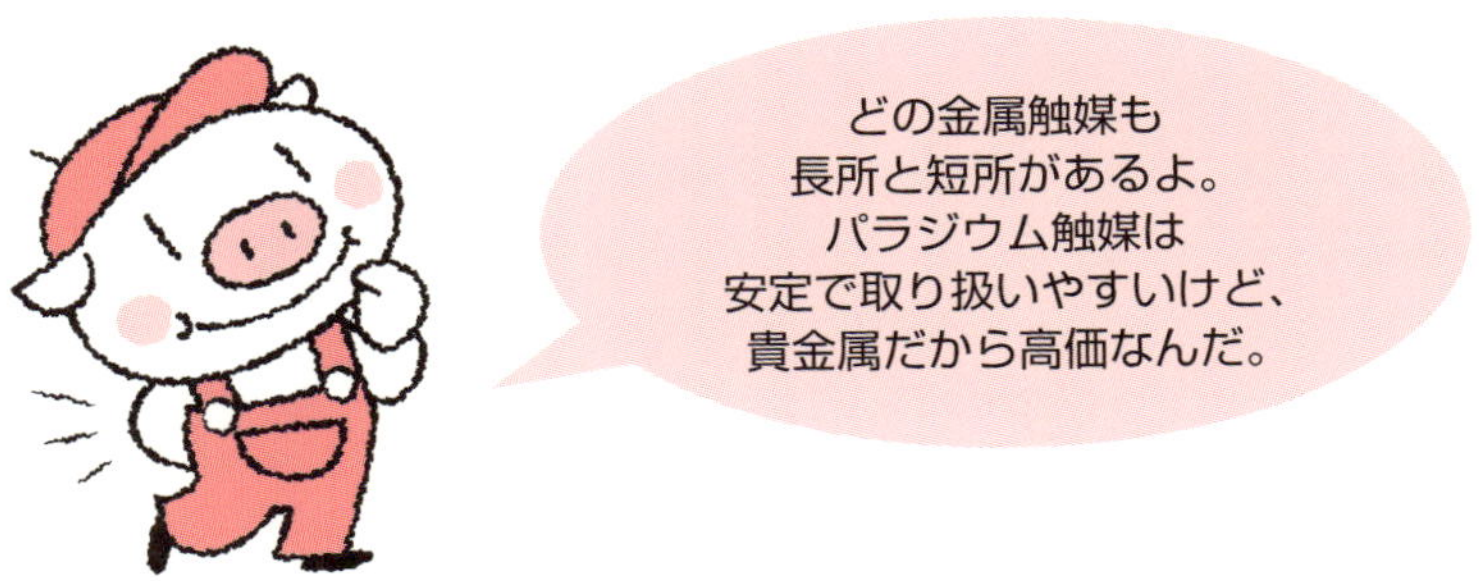
どの金属触媒も
長所と短所があるよ。
パラジウム触媒は
安定で取り扱いやすいけど、
貴金属だから高価なんだ。

9 配位子とは何だろう

配位子は触媒金属の鎧《よろい》

クロスカップリング反応には、ニッケルやパラジウムなどの遷移金属触媒が使われます。裸の金属といったりしますが、金属だけでは、うまく触媒として働かないことがあります。金属を守ったり性能を強化したりする鎧のようなものが配位子と呼ばれるものです。主に、触媒を安定化し、電子を触媒金属に与えて、ハロゲン化合物と反応し易くしたり、適度に触媒の周りの空間を埋めてカップリングする2種類の化合物同士を近づけつながり易くしたりします。

遷移金属は4～6個の結合が可能な原子で、ニッケルやパラジウムは4個の結合が可能です。鈴木・宮浦反応では、有機ハロゲン化合物の酸化的付加、有機ホウ素化合物のトランスメタル化、2種の炭素がパラジウムから離れる還元的脱離の3つの反応で炭素がつながります。反応中、使われるのは金属の4つの結合のうち2つです。2つが空いていることになります。そこで、触媒をうまく働かせるために配位子を使って金属の性能を調節します。反応には直接関与しないことから支持配位子あるいは補助配位子と呼ばれることもあります。クロスカップリング反応で配位子は、各段階の反応をコントロールしています。

代表的な配位子に、リン配位子（ホスフィン）や窒素配位子、N-ヘテロ環状カルベン（NHC）と呼ばれる配位子があります。金属との結合点の数に応じて単座配位子、二座配位子、三座配位子などに分類されます。金属に対して電子を与えたり、逆に金属の電子をひきつけたりすることができます。リン配位子のホスフィンは合成が簡単でいろいろな有機置換基をリンに導入できることから配位子として頻繁にクロスカップリング反応に使われます。触媒金属の電子の状態と金属周辺の空間をうまくコントロールし、カップリングしたい化合物に応じて使い分けられます。一般にどの配位子が良いかは、非常に繊細で反応に応じて選択されます。

要点BOX
- ●配位子が触媒金属の電子をコントロールする
- ●触媒金属周辺の空間を埋めて反応し易くする

配位子の役割

配位子＝金属錯体に配位結合したイオンや分子の総称

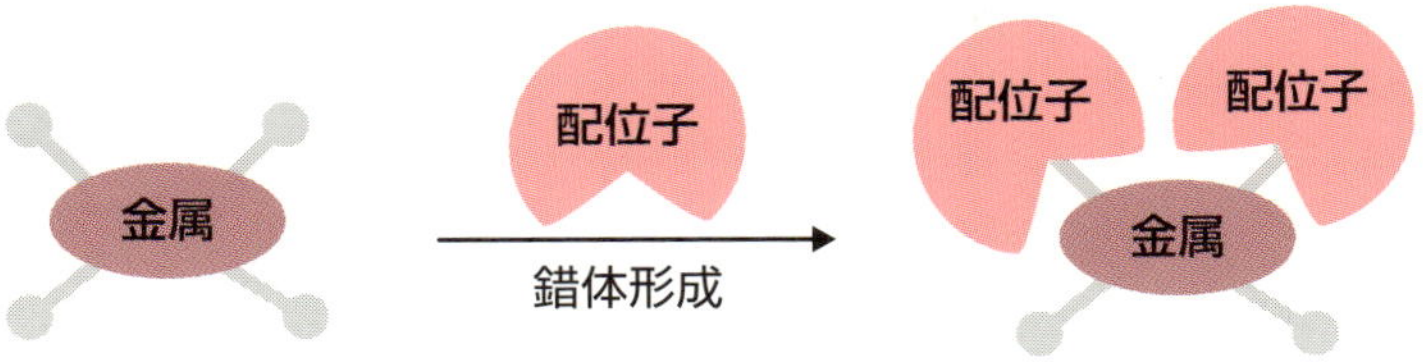

遷移金属は、もともと複数の
結合を作ることが出来る
（裸の金属）

配位子の導入によって
触媒活性をコントロールできる
（鎧をまとった金属錯体）

代表的な配位子

リン配位子
（ホスフィン）

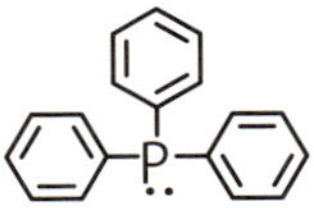

トリフェニル
ホスフィン

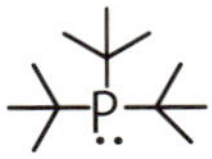

トリ-t-ブチル
ホスフィン

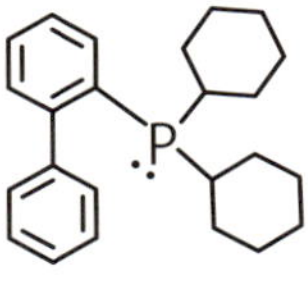

2-(ジシクロヘキシルホスフィノ)
ビフェニル

NHC配位子
（N-ヘテロ環状カルベン）

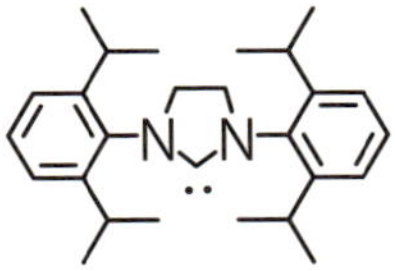

フェニルイミダゾリニウム
誘導体

窒素配位子
（アミン類）

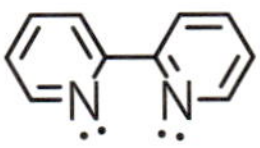

2,2'-ビピリジン

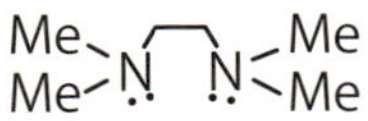

テトラメチル
エチレンジアミン

10 ハロゲン化合物の役割

クロスカップリングに必要な化合物

ハロゲンは、周期律表17族に位置する原子の総称でフッ素、塩素、臭素、ヨウ素、アスタチンがあります。アスタチンは、天然にはほとんど存在せず通常フッ素からヨウ素までの4原子を指します。有機ハロゲン化合物は、クロスカップリング反応において一段階目に触媒金属と酸化的付加反応をする大事な反応試薬です。

フッ素は全原子中電気陰性度が最大ですが、原子半径が水素と変わらないため、水素の代わりにフッ素を化合物中に導入すると分子のサイズを変えることなく性質を大きく変えることができるため便利です。その他に身の回りには、フライパンなどに使われるテフロンや冷蔵庫の冷媒に使用されていたフロン類や現在使用されている代替フロンなどに使われています。有機フッ素化合物は、クロスカップリングにおいて安定で反応しないと考えられていましたが、最近の研究でニッケル触媒を使うと有機ホウ素化合物との鈴木・宮浦反応に使えることがわかってきました。また、クロスカップリング反応のために入手が容易になった有機ホウ素化合物をパラジウム触媒によりフッ素化する方法が発見されました。

塩素は、クロロホルムやジクロロメタンなど溶媒に用いられたりドライクリーニングなどに利用されたりします。ジクロロジフェニルトリクロロエタン（DDT）や1,2-ジクロロベンゼンなど塩素が含まれる有機化合物が殺虫剤に利用されています。塩素を含む医薬品も認められています。非常に多くの塩素化合物が安価に合成できるために便利です。有機塩素化合物はパラジウム触媒クロスカップリング反応において、酸化的付加反応が難しい化合物です。ヨードベンゼンが室温、ブロモベンゼンは80℃程度に加熱すると反応しますが、クロロベンゼンは200℃まで加熱しても反応しません、しかし配位子を変えたり、ニッケル触媒を利用したりすると酸化的付加反応が進行するようになります。

要点BOX
- ●ハロゲンを目印に触媒により炭素をつなぐ
- ●ハロゲン化合物に金属触媒が酸化的付加する

クロスカップリング反応の目印

ブロモベンゼン（ハロゲン化合物）とPd触媒の「酸化的付加」の例

ブロモベンゼン

Pdが酸化的付加した中間体
（Pdは0価から２価に変化）

触媒サイクルの
出発点になる重要な反応だよ。
ハロゲン原子は、新たな結合を
作るための目印になるんだ。

ハロゲンの種類によって、
反応性が異なるのじゃ。
炭素－ハロゲンの結合が強いほど、
酸化的付加は進行しにくく、
大きなエネルギーが必要になる。

ハロゲン化ベンゼンの反応性

分子構造	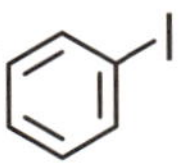 ヨードベンゼン	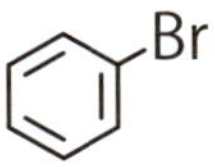 ブロモベンゼン	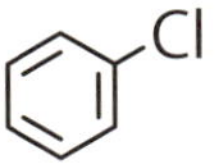 クロロベンゼン	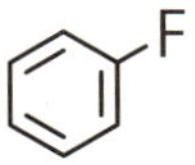 フルオロベンゼン
一般的な反応温度（酸化的付加）	室温	80℃	＞200℃	反応しない
必要な触媒	特殊な触媒は不要（一般市販の金属触媒）		高活性な特殊触媒で反応が進行	

11 反応に使われる元素

トランスメタル化の多様性

クロスカップリング反応には、つなげるパーツとなる2種類の有機化合物と触媒が必要です。つなげるパーツとなる2種類の有機化合物は、カップリングパートナーと呼ばれます。一つは触媒サイクルの第1段階の酸化的付加に使われるハロゲン化合物や、アルコールやアミンを利用したハロゲンを含まない擬ハロゲン化合物と呼ばれる有機化合物です。もう一つは触媒サイクルの第2段階のトランスメタル化（金属交換反応）に使われる有機マグネシウム化合物（熊田・玉尾・コリュー反応）、有機亜鉛化合物（根岸反応）、有機スズ化合物（右田・小杉・スティレ反応）、有機ホウ素化合物（鈴木・宮浦反応）、有機ケイ素化合物（檜山反応）です。

トランスメタル化反応は、金属に結合した置換基同士を金属間で交換する反応です。酸化的付加反応とトランスメタル化反応によりつながるパーツが触媒に共に結合し、還元的脱離によりパーツ同士がつながります。金属化合物の他にもいろいろな有機化合物が使われます。ヘック反応にはオレフィン化合物が使われます。薗頭・萩原反応にはアセチレン化合物を使います。バックワルド・ハートウィグ反応にはアミンやアルコール、チオールが使われます。

触媒には、ニッケルあるいはパラジウムが使われます。玉尾・熊田・コリュー反応ではニッケル触媒、根岸反応や右田・小杉・スティレ反応ではパラジウム触媒が主に使われます。触媒だけでクロスカップリング反応が進まない場合、さらに試薬を添加する場合があります。ヘック反応や鈴木・宮浦反応、バックワルド・ハートウィグ反応では塩基を添加する必要があります。檜山反応ではフッ素化剤、薗頭・萩原反応では銅塩とアミンが必要になります。最近、高価なパラジウム触媒の使用量を減らす技術と、回収再利用技術が発展しました。さらに、パラジウム触媒に代わる、安価なニッケルや鉄触媒の利用が発展しています。

要点BOX

- ●つなげる化合物同士はカップリングパートナー
- ●ハロゲン化合物や擬ハロゲン化合物を使う

有機金属化合物はカップリングパートナー

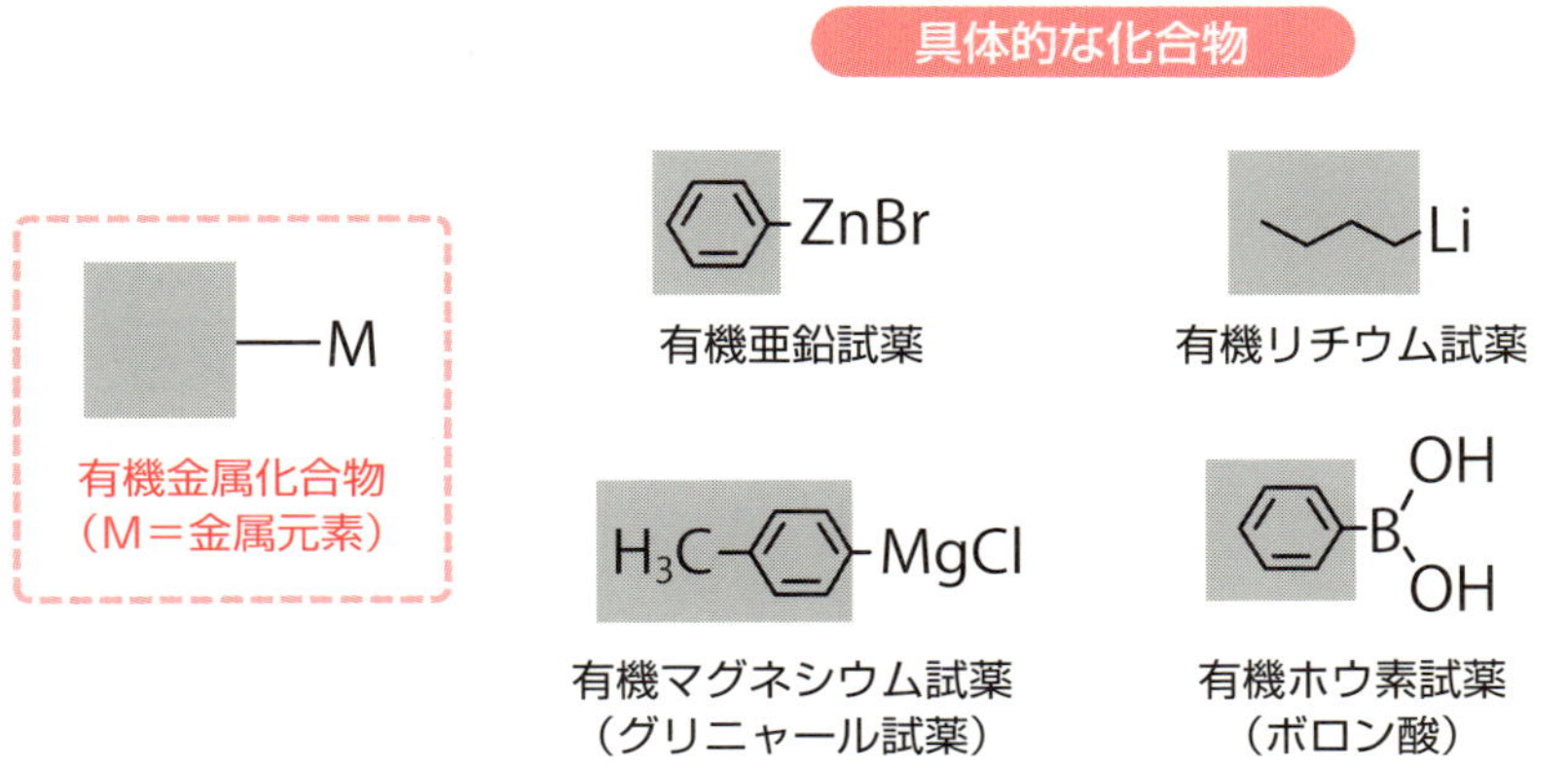

（注）Mはオレフィンやアミンなど、金属元素でない場合もあります。

有機金属化合物同士のパーツ交換反応

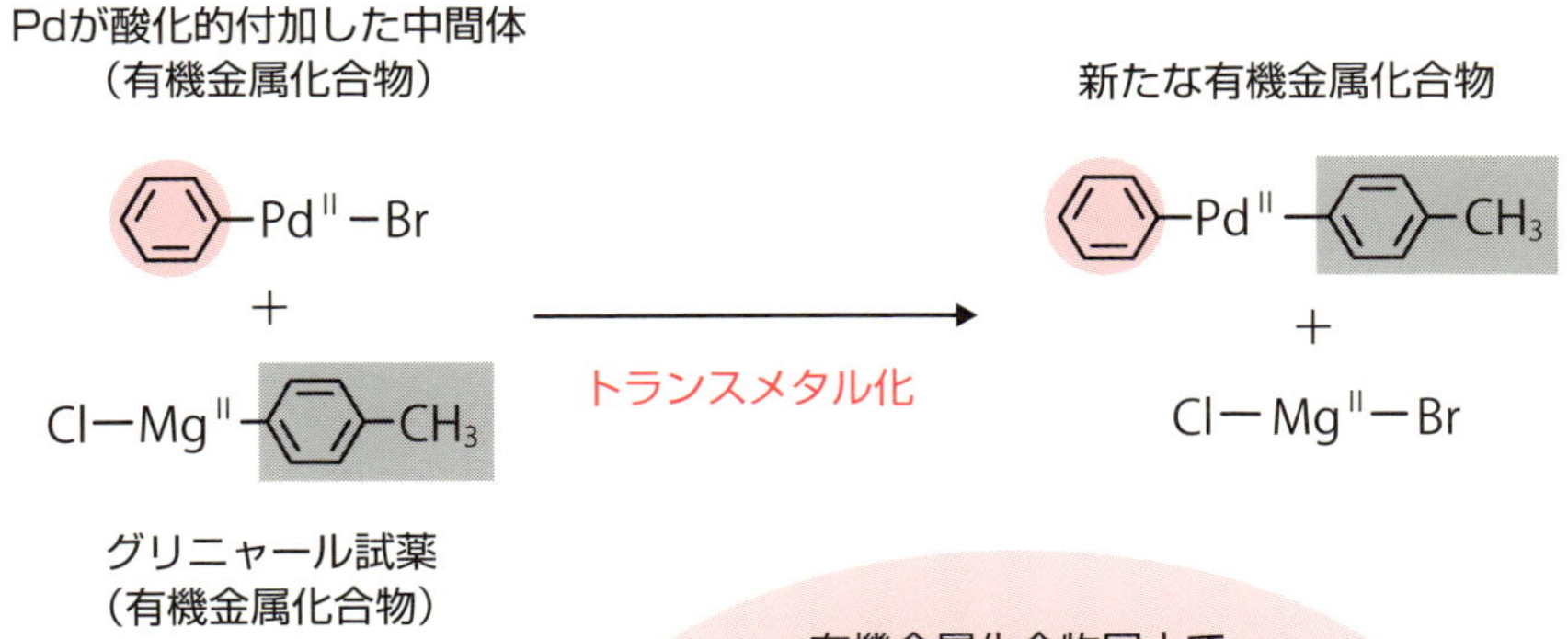

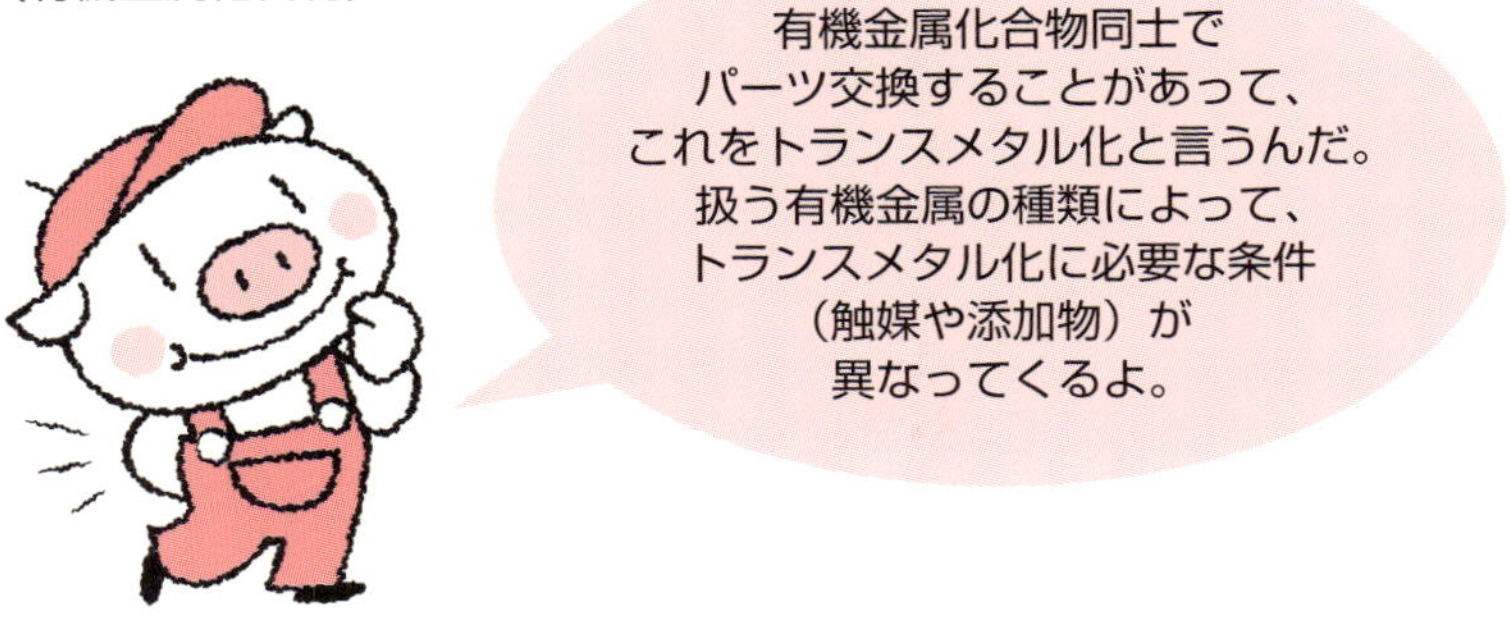

12 鈴木・宮浦反応の塩基の役割

ホウ素−炭素結合の性質を変える

1970年代にクロスカップリング反応が、集中的に研究され様々な金属反応剤がカップリングに使われる中、北海道大学の鈴木博士・宮浦博士はブラウンヒドロホウ素化で合成可能なビニル型ホウ素化合物を利用できればビニル型ハロゲン化合物とカップリングすることで、望みの立体を持ったジエンと呼ばれる化合物が得られるに違いないと思い1975年頃から研究を行っていました。

温度や触媒の混ぜ具合など実験の方法は何千通りもありました。しかしいろいろ反応を試してもほとんど反応しないまま3年ほどたってしまいました。電気陰性度が2.0のホウ素と炭素の結合は他の金属−炭素結合がイオン結合性であったのとは対照的に共有結合性が強く、ほとんど分極していないために反応しなかったのです。このことに気づき、塩基を加えるとホウ素化合物に塩基が結合した4配位アート錯体と呼ばれる形になりホウ素原子に結合した炭素のイオン性が向上することを発見しました。これまで反応しなかったことが嘘のように狙った通りにクロスカップリング反応が進むようになりました。

はじめは、その他のクロスカップリングが報告されていて発見に遅れたこと、それらに比べ反応温度が高めだったことで注目されませんでした。しかし研究を続け、いろいろなホウ素化合物を反応に試した結果、水の中でも安定で毒性がない有機ホウ素化合物が塩基の力を得て最も使い易い反応に発展しました。鈴木・宮浦反応には、炭酸カリウムやリン酸三カリウムが塩基としてよく使われますが、炭酸セシウムや水酸化バリウムなどを使うと効率よくカップリング反応が進むこともわかっています。

どんな塩基が最も良いかなど、塩基の役割は、まだ詳しくはわからないことも多く、有機ホウ素化合物のパラジウム触媒へのトランスメタル化反応について今でも詳細な研究がおこなわれています。

要点BOX

- ●塩基が結合して4配位アート錯体を形成
- ●アート錯体になると炭素のイオン性が増す

鈴木・宮浦反応に必要なもの

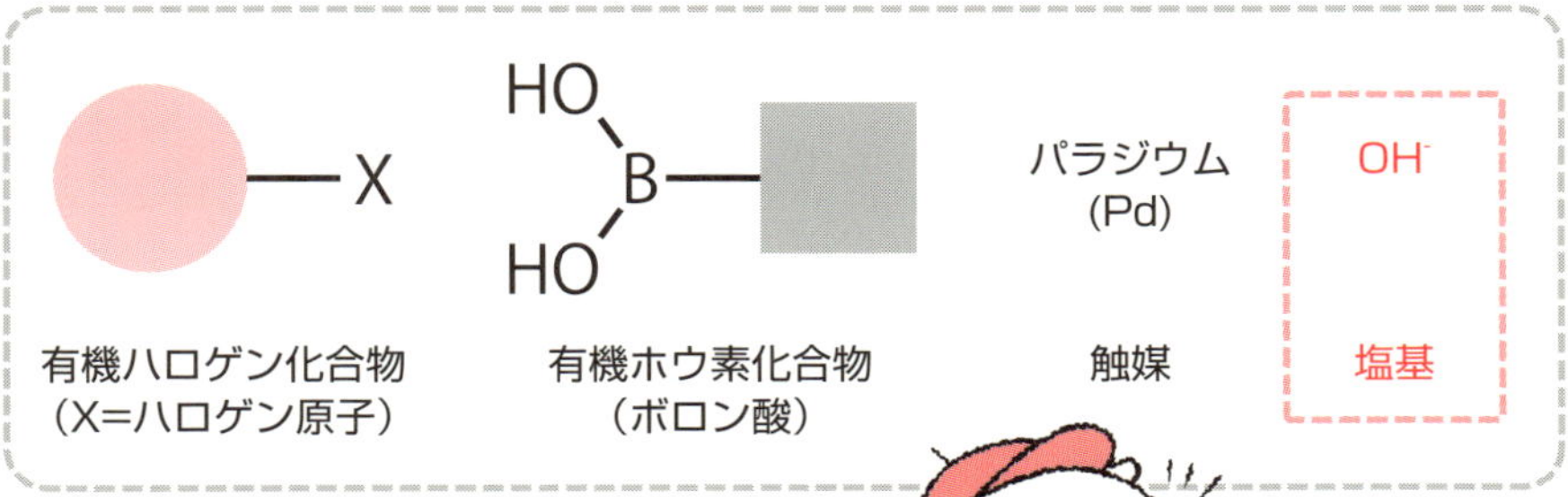

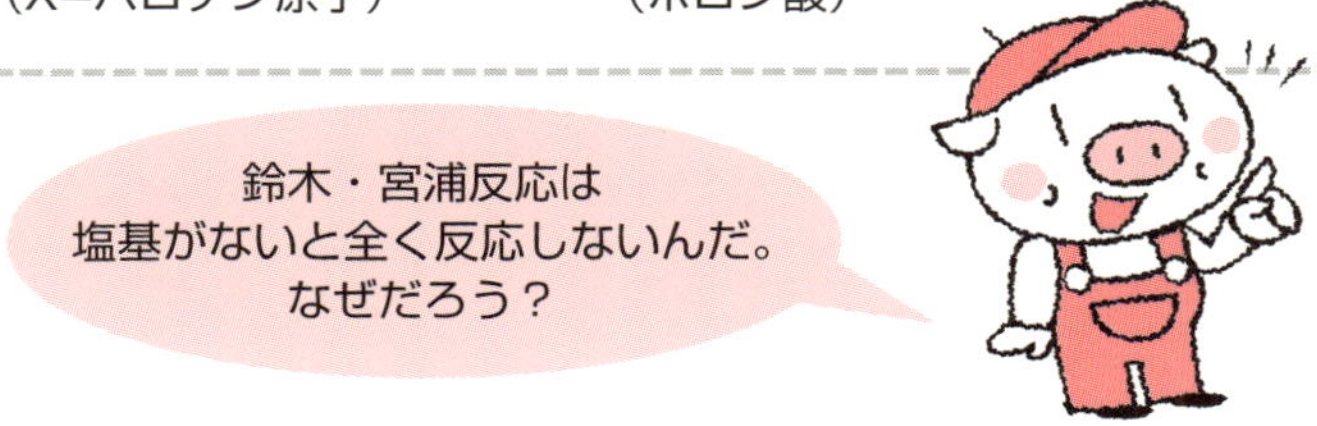

反応の鍵はトランスメタル化

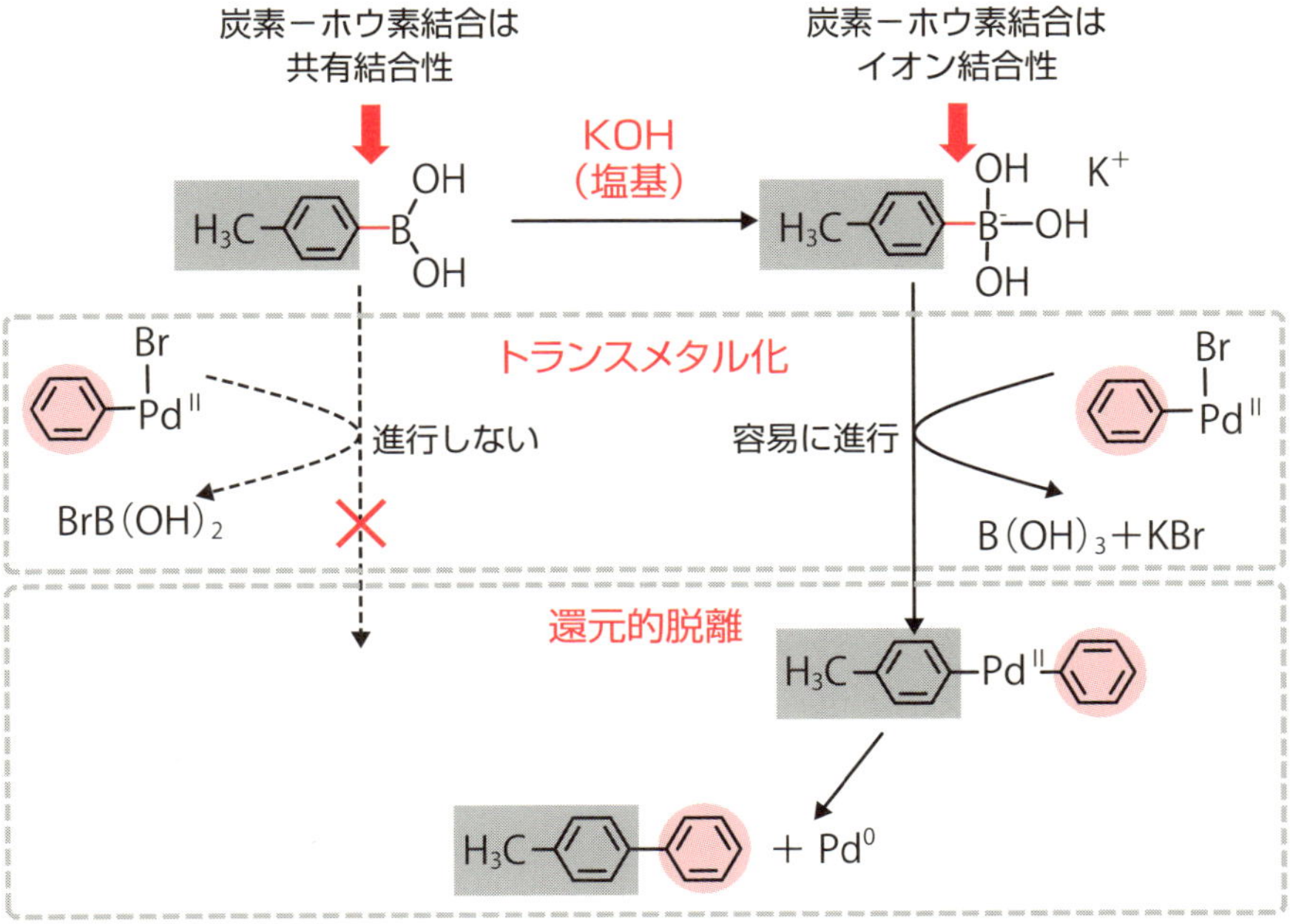

用語解説

ブラウンヒドロホウ素化：炭素一炭素二重あるいは三重結合に、有機ホウ素化合物のホウ素一水素結合が付加する反応

13 二重結合をつなげる

共役ジエンの合成

共役ジエンは、炭素‐炭素二重結合が隣り合った構造を持つ有機化合物で、植物や昆虫、菌類などによって作り出されるテルペンと呼ばれる物質や、12個以上の原子から構成されるマクロライドと呼ばれる環状ラクトンなど多くの天然物に見いだされる構造です。テルペンは、植物の精油成分に多く見られ、特有の香りや薬効を持ち、リラックス効果や血圧を下げたり炎症を鎮めたりする効き目があります。マクロライドは、抗生物質として働くものが多く抗菌活性を示します。

これらを製造する場合、その二重結合のつながり方を精密に作ることが極めて重要です。鈴木博士・宮浦博士は、ビニル型ホウ素化合物がブラウンヒドロホウ素化反応で簡単に合成できることに着目しました。ブラウンヒドロホウ素化反応は、アルキンからシスあるいはトランス体のビニル型ホウ素化合物を確実に合成できます。そうして作ったビニル型ホウ素化合物とハロゲン化ビニルとのクロスカップリング反応による共役ジエンの合成を目指しました。共役ジエンの二重結合のつながり方には、シス‐シス、シス‐トランス、トランス‐トランス、トランス‐シスの4つの異性体があります。はじめは反応が全く進行しませんでしたが水酸化カリウムなどの塩基を加えたところ反応が進行するようになりました。原料のホウ素化合物とハロゲン化合物が残らず目的のカップリング化合物である共役ジエンになりました。使ったビニル型ホウ素化合物とビニル型ハロゲン化合物の形(シス及びトランス)のままつながりました。

米ハーバード大学の岸博士により海に棲むスナギンチャクが産出するパリトキシンという天然物の合成に、鈴木・宮浦反応によるジエン合成が使われ、世界で認められました。水溶性の海洋天然物の合成は、水溶液中の反応が可能な鈴木・宮浦反応がなければ達成されませんでした。

要点BOX

- ●共役ジエンの4つの異性体を作り分ける
- ●もとの形のまま二重結合を連結できる

共役ジエンの異性体

二重結合が2つ繋がった化合物（ジエン）は、４つの構造異性体がある。

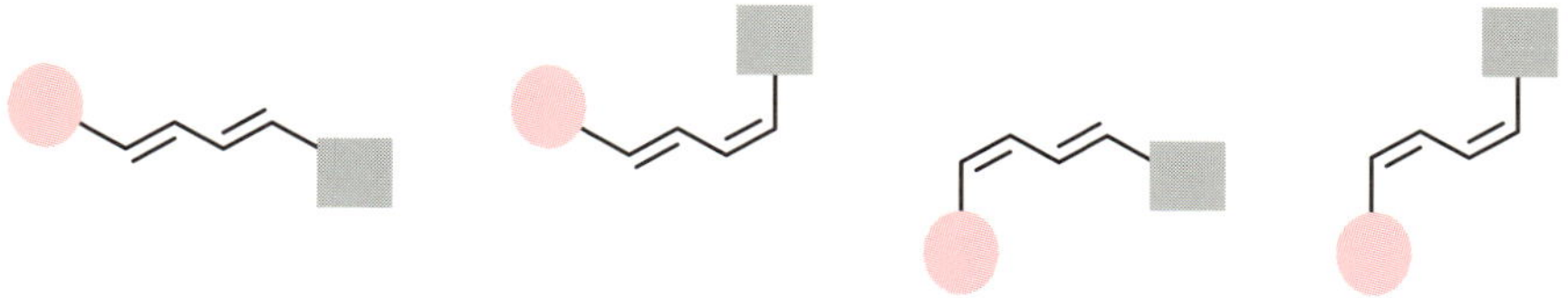

トランス-トランス　トランス-シス　シス-トランス　シス-シス

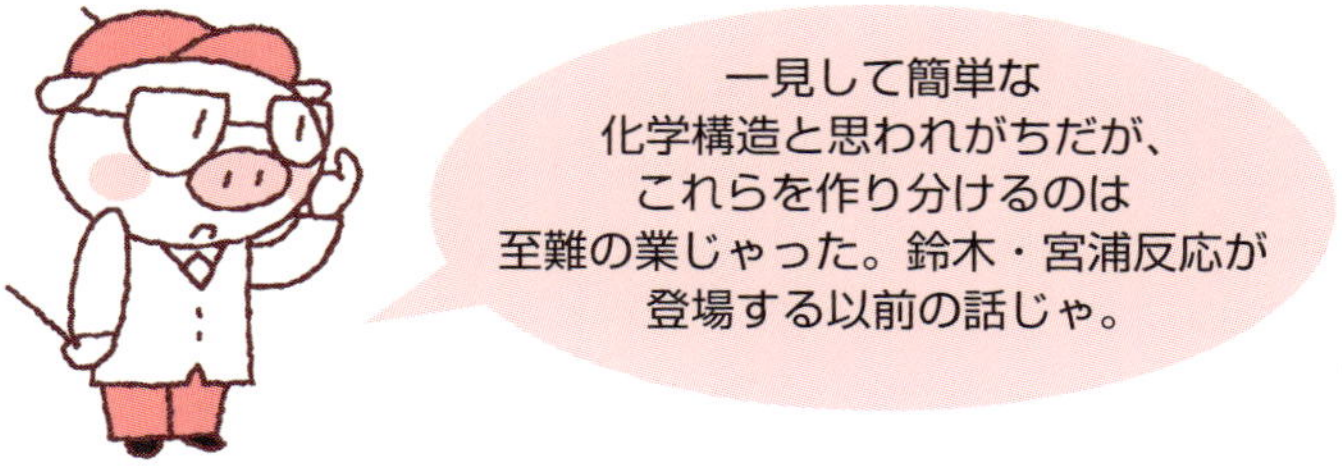
一見して簡単な
化学構造と思われがちだが、
これらを作り分けるのは
至難の業じゃった。鈴木・宮浦反応が
登場する以前の話じゃ。

選択的なジエン合成（1979年）

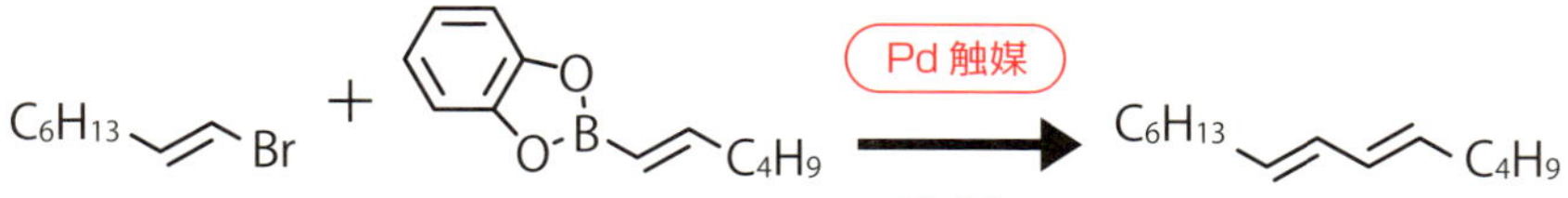
C6H13
Br
O
B
O
C4H9
Pd 触媒
C6H13
C4H9

ハロゲン化ビニル　有機ホウ素化合物　塩基　共役ジエン

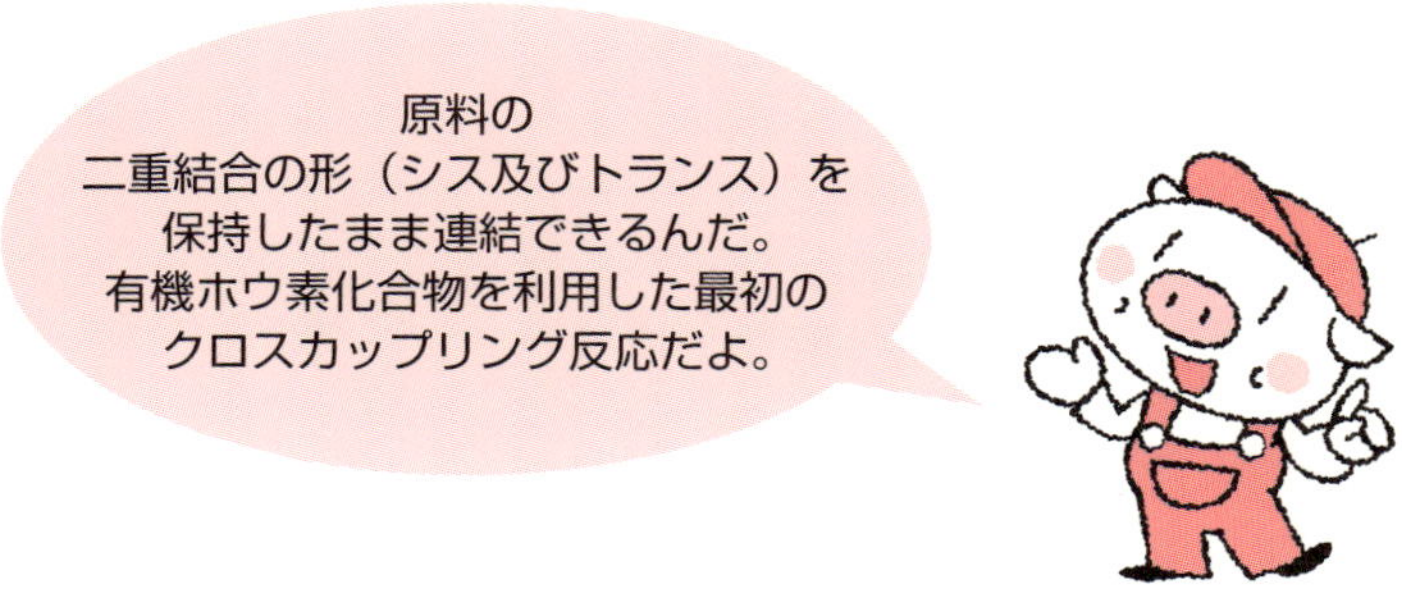
原料の
二重結合の形（シス及びトランス）を
保持したまま連結できるんだ。
有機ホウ素化合物を利用した最初の
クロスカップリング反応だよ。

用語解説

シス：二重結合の両端についた置換基が同じ側についている状態
トランス：二重結合の両端についた置換基が反対の側についている状態

14 巨大天然物だってなんのその

パリトキシンの全合成

フグ毒の20倍の毒性を持つ海産天然物パリトキシンの合成では、合成段階で活性な官能基を守るために必要な保護基を含めた総分子量は６０００を超えます。こんなに大きな化合物でも人の手により合成するためには、小さなパーツを順番につなぎ合わせて作ることになります。パリトキシンの場合も同様で、分子をまず大きな2つのパーツに分け、それぞれを別々に合成します。最後に2つのパーツをジエン部分でつなぎパリトキシンの骨格を完成させます。鈴木・宮浦反応によるジエン合成が使われた工程で、2つのパーツをつなぎパリトキシンの全合成が達成されました。

このように巨大分子を合成するにも小さな有機化合物を出発原料として、狙った位置で結合を作りながら目的の分子を作っていきます。クロスカップリングは、狙った位置で炭素をつなぐことができるため、天然物の合成にもよく使われます。しかし海洋生物が生産する化合物の多くは水溶性であり複雑で巨大な分子です。水に不安定で反応性の高い有機金属化合物を使うカップリング反応はほとんど使うことができません。水溶液中の反応が可能な鈴木・宮浦反応だけが唯一の方法となります。東北大学の佐々木誠博士が行なっているガンビエロールやギムノシンA、ブレベナールなど複雑な巨大海産環状ポリエーテルと呼ばれる化合物の合成にも確実に狙った位置で分子をつなげることができるため、鈴木・宮浦反応は威力を発揮しました。

海産天然物が薬効を示すことが発見されても天然からは極微量しか得られないため、毒性があるかどうかなど調べなければいけないことが多く、人工合成による大量供給が必要とされます。パリトキシンは酵素に作用し神経細胞の外部からナトリウムイオンの流入を促進させるために毒性を示すことが明らかになりました。

要点BOX
- ●海産天然物は、鈴木・宮浦反応で水中合成
- ●複雑な骨格や官能基があっても合成できる

パリトキシンの全合成（1994年）

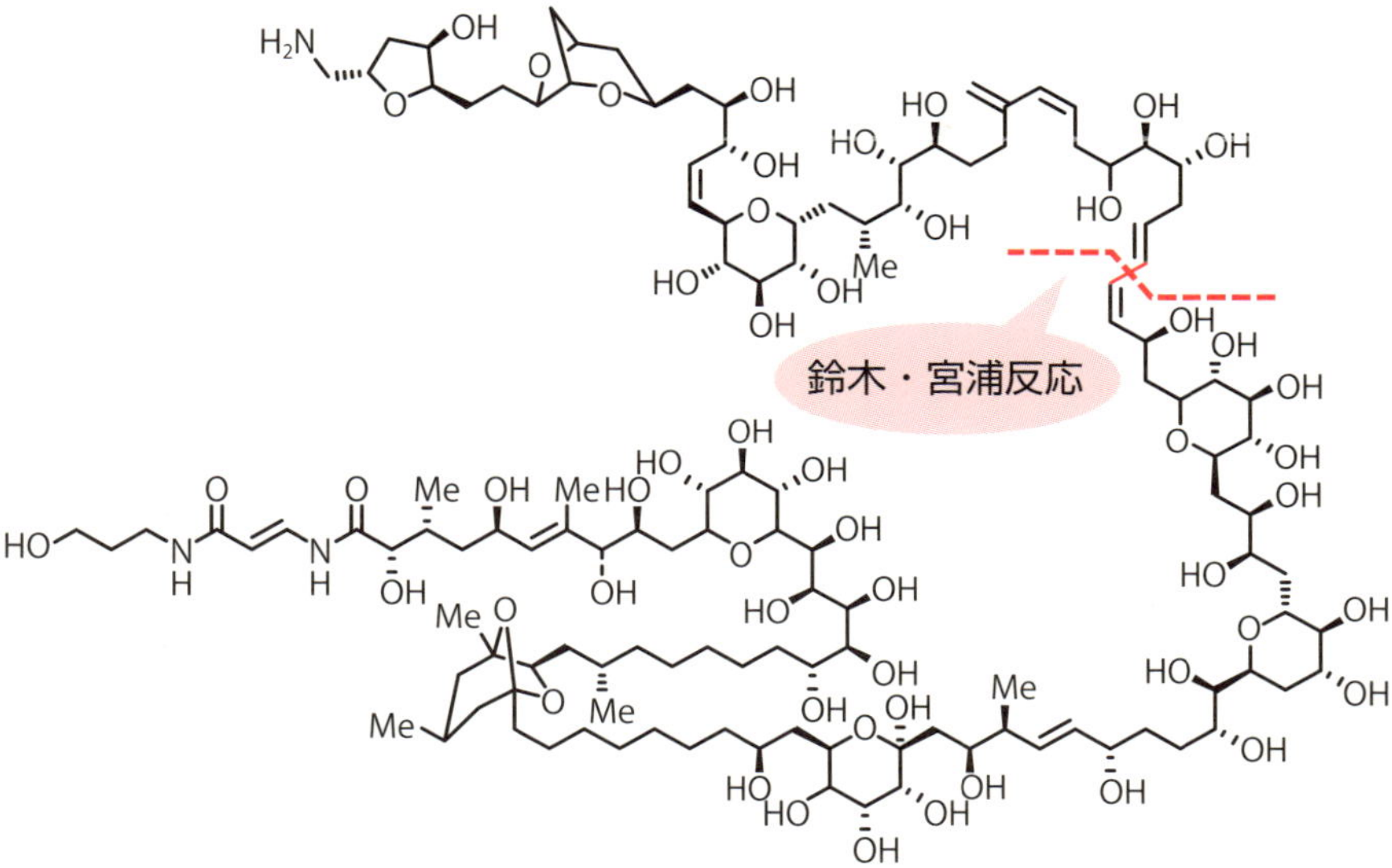
鈴木・宮浦反応

パリトキシン

米ハーバード大学の岸義人らのグループによって1994年に全合成が達成された。
パリトキシンは不斉炭素を64個も持ち、多くの官能基を有する
複雑な有機化合物で、その全合成は有機合成の金字塔と称されている。

最終工程のジエン合成に
鈴木・宮浦反応が用いられたのじゃ。
鈴木・宮浦反応が世界中に認められる
起爆剤となったのじゃ。

15 ベンゼン環をくっつける

非対称ビアリールの合成

鈴木博士と宮浦博士は1981年に芳香族ボロン酸と芳香族ハロゲン化合物のクロスカップリング反応を報告しました。現在身の回りにある医農薬品、液晶や有機発光ダイオード、有機電子材料には、ベンゼン環が2つ連結したビアリールと呼ばれる化合物が使われます。鈴木・宮浦反応がない時代、ビアリール化合物は銅を使うウルマン反応が使われていました。芳香族ハロゲン化合物と銅粉とを高温で反応させる反応です。この反応の致命的な欠点は、対称ビアリールは合成できますが、非対称なものを合成しようとした場合、対称な物と非対称な物の混合物ができてしまう点です。つまりA－XとB－X（Xはハロゲン）を反応させた場合A－A、A－B、B－Bの3種類が得られます。

2種類のベンゼン環を確実につなぐことができる鈴木・宮浦反応は薬や材料の開発のスピードを格段に速くしました。製品開発では、どういった化合物の機能が良いのか、いろいろな骨格の化合物を試験する必要があります。鈴木・宮浦反応を使うと、ホウ素化合物とハロゲン化合物の組み合わせを変えるだけでたくさんの化合物を作ることができます。ディスプレイ用途には、スポーツなど動きの速い映像もくっきりと映さなければなりませんし、フレキシブルな薄型ディスプレイや省電力照明に使われる有機EL材料も最適な化合物が探索されます。そのためにいろいろな化合物が作られ試験されます。

高血圧治療薬には構造が少しずつ異なる薬が鈴木・宮浦反応で合成されています。クロスカップリングを使わない合成法では5工程かかっていたものが、わずか1工程で合成できるようになりました。ドイツのBASF社が開発した作物の灰色かび病など菌により引き起こされる植物の病気に効く殺菌剤も芳香族化合物の鈴木・宮浦反応により大規模に製造されています。

要点BOX

- ●非対称ビアリール合成には鈴木・宮浦反応
- ●同じ方法でたくさんの種類が合成できる

非対称ビアリールの合成（ウルマン法）

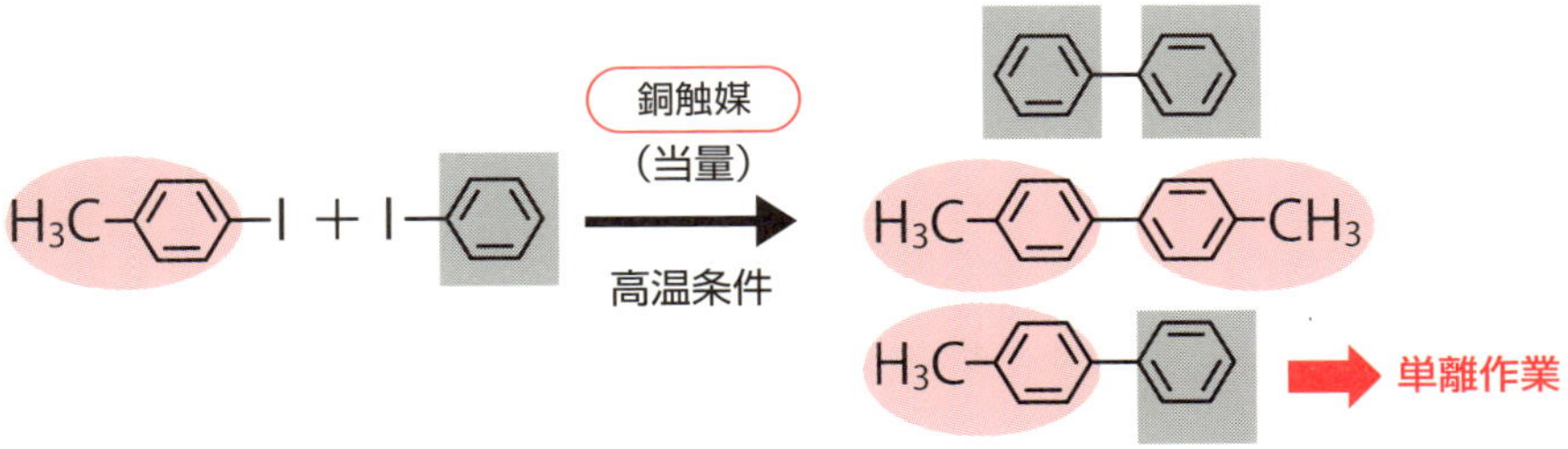

３種のビアリール化合物の混合物が得られる。各生成比率は1:1:1

鈴木・宮浦反応がない時代、
非対称ビアリールの合成は
とても大変だったんだ。
混合物の中から、難しい
単離作業が必要だよ。

芳香族ボロン酸と芳香族ハロゲンの反応（1981年）

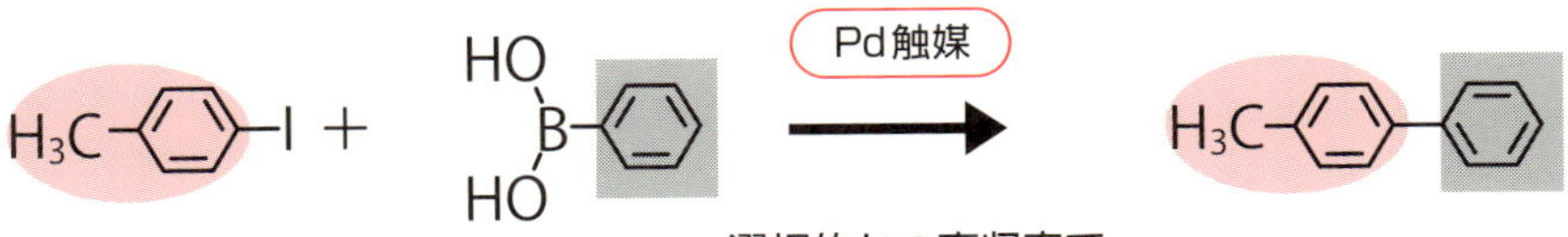

選択的かつ高収率で
非対称ビアリールが合成できる。

有機ハロゲン化合物と
ボロン酸の反応は、
ビアリール化合物の合成にも
効果絶大であることが
示されたのじゃ。

用語解説

ビアリール化合物：芳香環（ベンゼン環）が２つ連結した化合物

16 どんな結合も思いのまま

鈴木・宮浦反応でできる結合

　ビニル型や芳香族型のホウ素化合物とハロゲン化合物の鈴木・宮浦反応により、ジエン、ビアリール、スチレン誘導体が自在に合成できるようになりました。しかし、いろいろな組み合わせの有機化合物が利用できなければ望みの化合物を自由自在に作ることはできません。アルキル型のホウ素化合物は、ブラウンヒドロホウ素化によりアルケンから簡単に合成できるため便利です。しかし、アルキル型ホウ素化合物を鈴木・宮浦反応に利用すると、ベータ水素脱離と呼ばれる副反応が起こり目的の化合物が得られませんでした。反応温度や塩基、触媒や配位子など反応に関わる条件が試された結果、二座配位子を使用して触媒周辺の空間を埋めるとベータ水素脱離よりも還元的脱離が優先して起こり、目的のアルキル型カップリング化合物が得られるようになりました。

　アリル型やアルキニル型のホウ素化合物を使ったカップリング反応も報告され、あらゆるタイプのホウ素化合物の利用が可能になりました。ハロゲン化合物に関しても状況は同じでした。ビニル型や芳香族型ハロゲン化合物が利用できるようになると、アルキル型ハロゲン化合物が試されました。酸化的付加が進みづらく、やはりベータ水素脱離が起こるためカップリング化合物が得られませんでした。この場合も触媒配位子を工夫することで反応がスムーズに進むようになりました。1級アルキル型のみならず2級アルキル型のカップリング反応も、進むようになりました。アリル型やアルキニル型ハロゲン化合物との反応も報告されました。

　このように、合成したい有機化合物のすべての炭素-炭素結合の組み合わせが、ほぼ自由自在に作ることができるようになりました。現在も反応の改良が進み、ブロックをつなげるかの様に設計図通りに化合物を組み立てることが可能となりました。

要点BOX

- ホウ素、ハロゲンの様々なパーツが使える
- 望みの化合物の骨格がほぼ自由に合成できる

鈴木・宮浦反応で使用できる原料

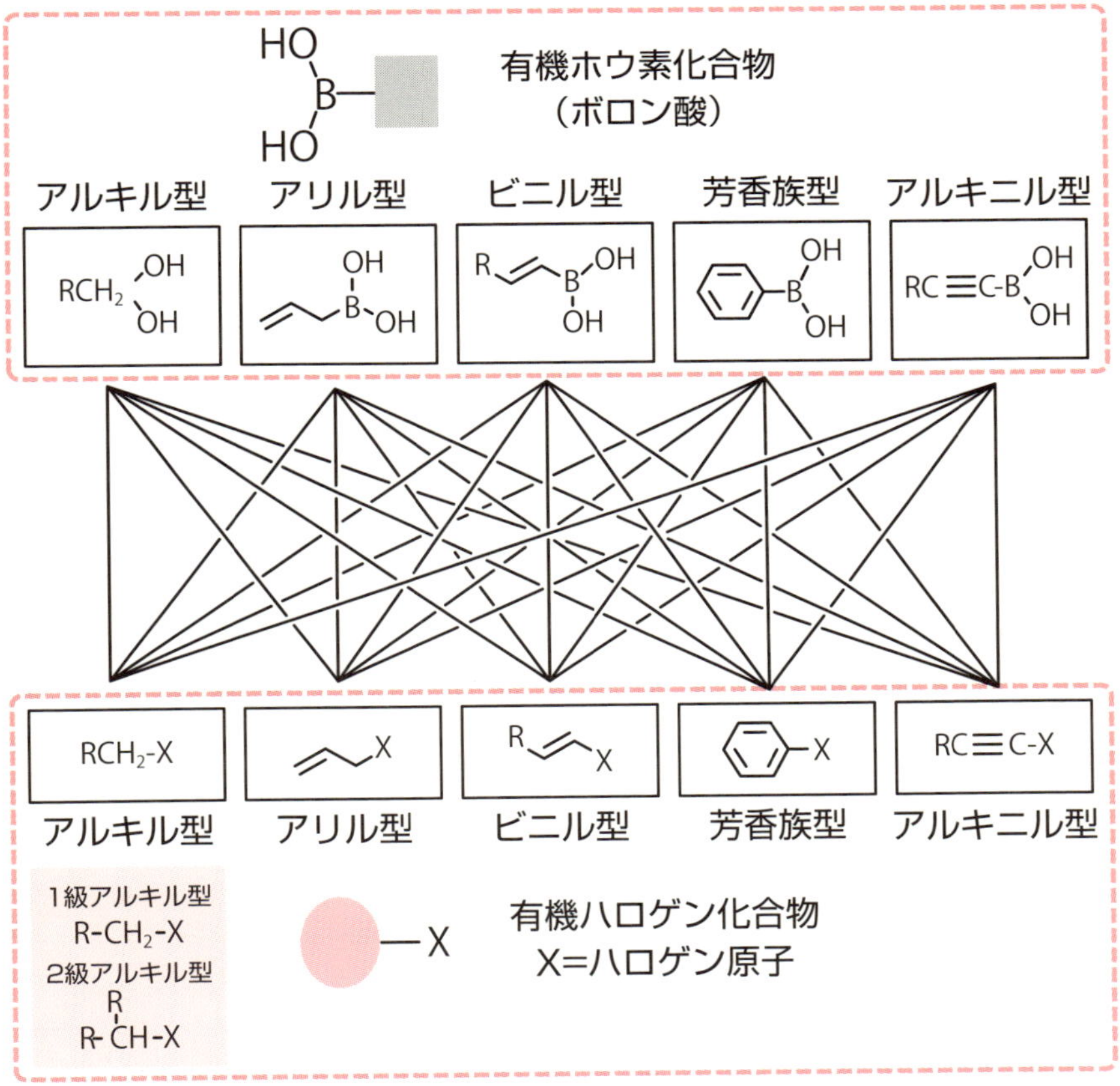

※R＝アルキル基

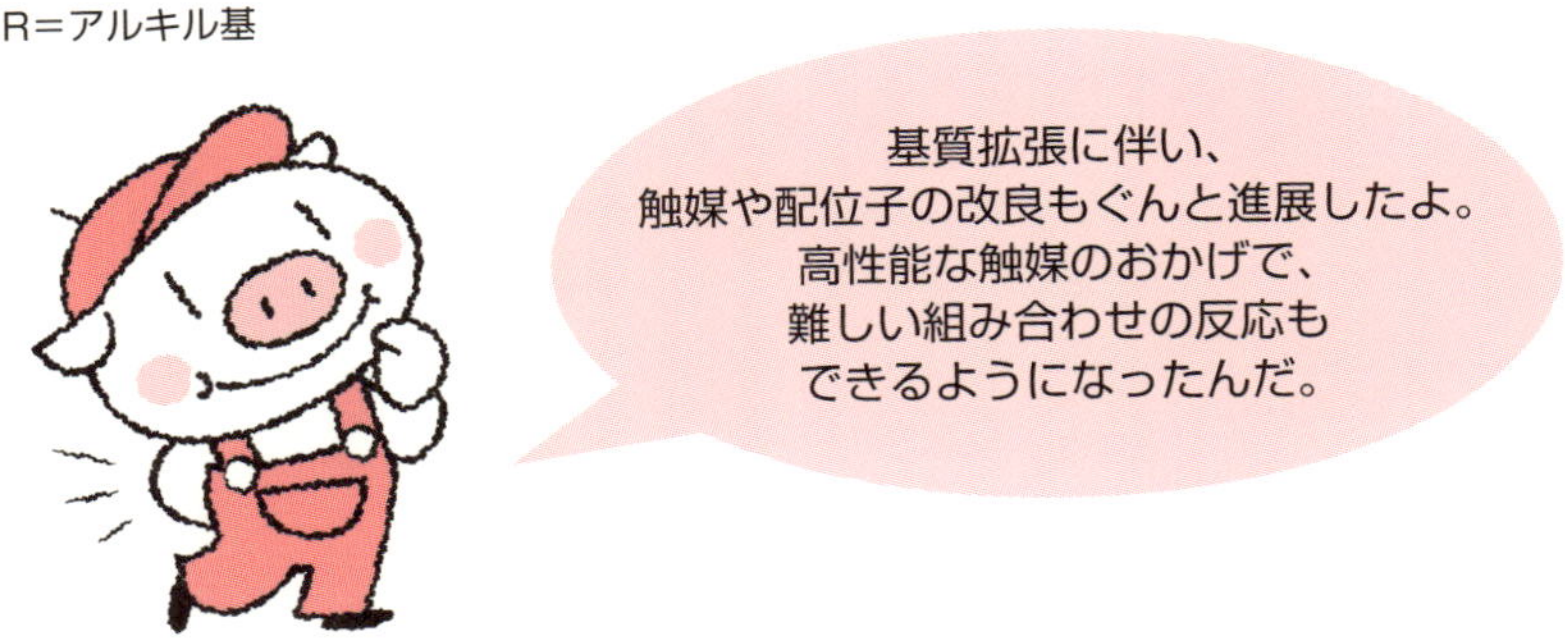

用語解説

1級アルキル基：ハロゲンやホウ素などが結合している炭素原子にアルキル基が１つ結合した直鎖状の置換基
2級アルキル基：ハロゲンやホウ素などが結合している炭素原子にアルキル基が２つ結合した分岐状の置換基

Column

ノーベル化学賞

化学の分野において重要な発見あるいは改良を成し遂げた人に贈られる化学賞は、１９０１年に「化学熱力学の法則の発見」に対してオランダのファント・ホッフに初めて与えられました。２０１６年まで１０８回１７５人が化学賞を受賞しています。化学と言っても生化学、有機化学、物理化学など20程の分野に細かく分けることができます（表）。一つの受賞が複数の分野にカウントされているため受賞者数の合計は実際の１７５人よりも多く２５１になっています。

全１０８回のうち、63回は単独受賞で、22回は２名での受賞、23回は３名での受賞です。分野としては生化学が最も多く54人、次いで有機化学、物理化学でそれぞれ40人ほどが受賞しています。キュリーをはじめ、アレニウス、ポーリング、アンモニア合成のハーバー、高圧化学反応のボッシュ、ポリエチレンの合成触媒のツィグラーとナッタ、化学反応論の福井謙一とホフマン、新しい有機合成の開発に対してブラウンとウィティッヒ、フラーレンの発見のカール、クロトー、スモーリーなどに贈られています。

キュリー家族は、家族で多くの賞を受賞しています。１９０３年にピエールとマリ夫妻が物理学賞、１９１１年にマリが化学賞、長女のイレーヌが夫のジョリオと１９３５年に化学賞、次女のイブは、ユニセフで働きその夫のラブイッセは1965年に平和賞を受賞しました。日本人受賞者は福井謙一博士以降、白川英樹博士、野依良治博士、田中耕一さん、下村修博士、根岸英一博士、鈴木章博士の7人に贈られています。

分　野	受賞者数
生化学	54
有機化学	43
物理化学	42
構造化学	22
核化学	13
化学反応速度	11
天然物化学	11
理論化学	11
工業化学	10
無機化学	9
分析化学	4
化学熱力学	4
高分子化学	4
立体化学	4
大気・環境化学	3
化学結合	2
コロイド化学	2
農芸化学	1
表面化学	1
合計	251

第3章

鈴木・宮浦反応が完成するまで

17 はじめてのクロスカップリング反応

辻・トロスト反応

1958年にパラジウムが0価と2価の酸化状態をとり酸化還元を経る合成反応がドイツのワッカー社により工業化されました。エチレンからアセトアルデヒドを製造するこの反応は、ワッカー反応と呼ばれます。ワッカー反応は、3つの反応が含まれた反応です。第1にエチレンと塩化パラジウムと水からアセトアルデヒドが生成します。ここで塩化パラジウムは、2価から0価に還元されます。第2段階は、塩化第二銅によるパラジウムの酸化。第3段階は、パラジウムの酸化により還元された塩化第一銅の酸素による再酸化の過程です。これら3つの反応により見かけ上、塩化パラジウムと塩化第二銅は、変化せずエチレンと酸素がアセトアルデヒドに変換されます。このように反応の前後で変化せず消費されない物質を触媒と呼びます。

ワッカー反応においてもう1つ大事なことは、パラジウムに結合したエチレンへ水が反応することです。これによりアセトアルデヒドが生成します。つまりパラジウムに結合したオレフィンは、通常よりも簡単に反応することがわかりました。

この後1965年に、当時東レに在籍してた辻二郎博士は、パラジウム触媒を使った二種類の有機化合物の炭素と炭素を結合することに成功しました。これこそが、はじめてのクロスカップリング反応です。その後、この反応を発展させた当時ウイスコンシン大学のトロスト博士の業績も含めて辻・トロスト反応と呼ばれます。アリル化合物とアセト酢酸エステルやマロン酸エステルなどから発生した安定な炭素陰イオンが使われます。アリル化合物とパラジウムからアリルパラジウムができて、炭素陰イオンがパラジウムに結合して反応しやすくなったアリル炭素とカップリングします。酸素陰イオンやアミンなどと反応しエーテルや置換アミンも合成されます。50年以上たった今も有機化合物の炭素と炭素をつなぐ時に利用されています。

要点BOX
●触媒は、反応中消費されない
●触媒は、反応しない物も反応し易くする

ワッカー反応（1958年）

Pd＋Cu 触媒

$$H_2C = CH_2 \quad + \quad 1/2\ O_2 \longrightarrow CH_3CHO$$

エチレン　　酸素　　アセトアルデヒド

ワッカー反応は、３つの反応からできている

第1段階　$H_2C = CH_2 + H_2O + Pd^{II}Cl_2 \longrightarrow CH_3CHO + 2HCl + Pd^0$

第2段階　$2CuCl_2 + Pd^0 \longrightarrow Pd^{II}Cl_2 + 2CuCl$

第3段階　$2CuCl + 2HCl + 1/2O_2 \longrightarrow 2CuCl_2 + H_2O$

$H_2C = CH_2 + 1/2O_2 \longrightarrow CH_3CHO$（３つの反応の合計）

辻・トロスト反応（1965年）

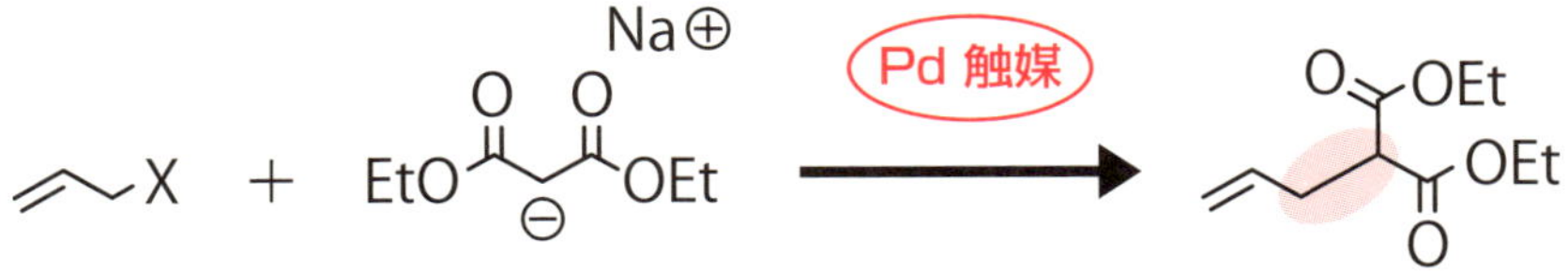

Na⊕
Pd 触媒
X
EtO
OEt
O
O
⊖
OEt
OEt
O
O

アリル化合物（X=ハロゲン等）　マロン酸ジエチルナトリウム塩　クロスカップリング生成物

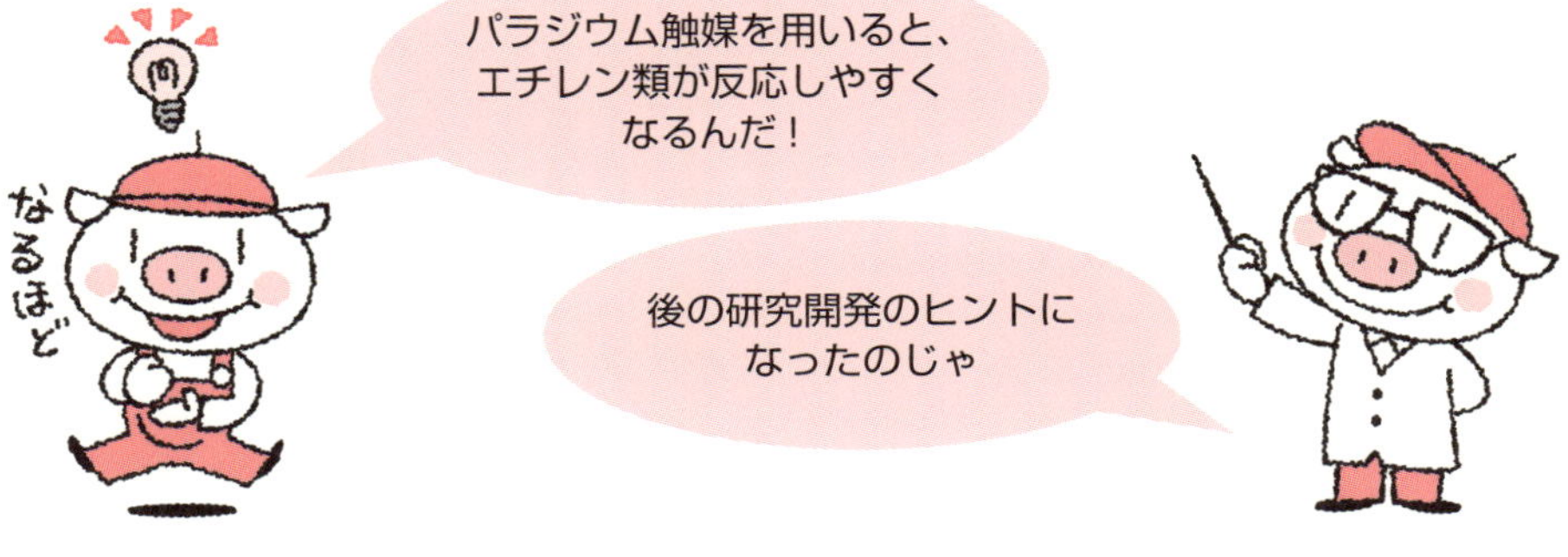

パラジウム触媒を用いると、エチレン類が反応しやすくなるんだ！
なるほど
後の研究開発のヒントになったのじゃ

18 溝呂木さんは何をした人

１９７１年に東京工業大学の溝呂木勉博士は、ヨードベンゼンとエチレンとの反応にパラジウムと酢酸カリウム（塩基）を加えるとクロスカップリングしてスチレンが生成することを日本化学会が刊行する英文論文誌に速報として報告しました。エチレンの他にもスチレンやプロペン、アクリル酸メチルエステルがヨードベンゼンと反応しました。翌72年に米デラウエア大学のヘック博士は同じ反応が進行することをアメリカ化学会の論文誌に報告しています。ヘック博士は論文の冒頭に溝呂木博士の日本化学会論文誌を引用し、独立して独自に発見したことを述べています。

反応は、ヨードベンゼンⒶの０価パラジウムへの酸化的付加反応Ⓑに続いて、エチレンⒸやスチレンなどの炭素－炭素二重結合（オレフィン）の挿入反応Ⓓが起こります。生じたアルキルパラジウムⒺは、パラジウムから数えて2炭素目の水素とパラジウムが同時に脱離するベータ水素脱離により二重結合が生成します。脱離したヨウ化パラジウムヒドリドⒻからヨウ化水素が脱離して０価パラジウムが再生します。脱離したヨウ化水素は、酢酸カリウムやブチルアミンといった塩基と反応し中和されます。オレフィンにはエステル、エーテル、ニトリルなどが置換したものも反応します。ハロゲン化合物は、ヨウ素化合物以外に臭素化合物などが使われます。最近、配位子の研究により塩素化合物も反応するようになりました。

北海道大学（発見当時）の柴崎正勝博士および林民生博士らは、カップリングと同時に一方の光学異性体のみが合成される不斉ヘック反応をそれぞれ独立して報告しています。最初にこの反応を報告した溝呂木博士は、１９８０年に47歳で亡くなりましたが、反応は、溝呂木・ヘック反応と呼ばれ利用されています。２０１０年にヘック博士は「パラジウム触媒によるクロスカップリング反応」により根岸博士、鈴木博士と共にノーベル化学賞を受賞しました。

要点BOX

- 溝呂木・ヘック反応は、炭素をつなぎながら二重結合をつくる
- パラジウムと塩基を使ったカップリング反応

溝呂木・ヘック反応（1968−1972年）

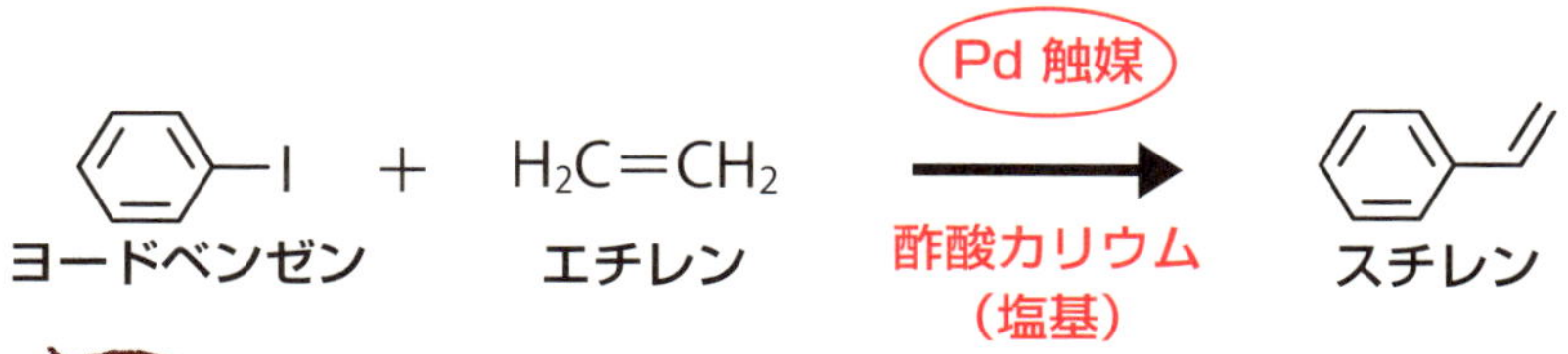

溝呂木・ヘック反応の仕組み

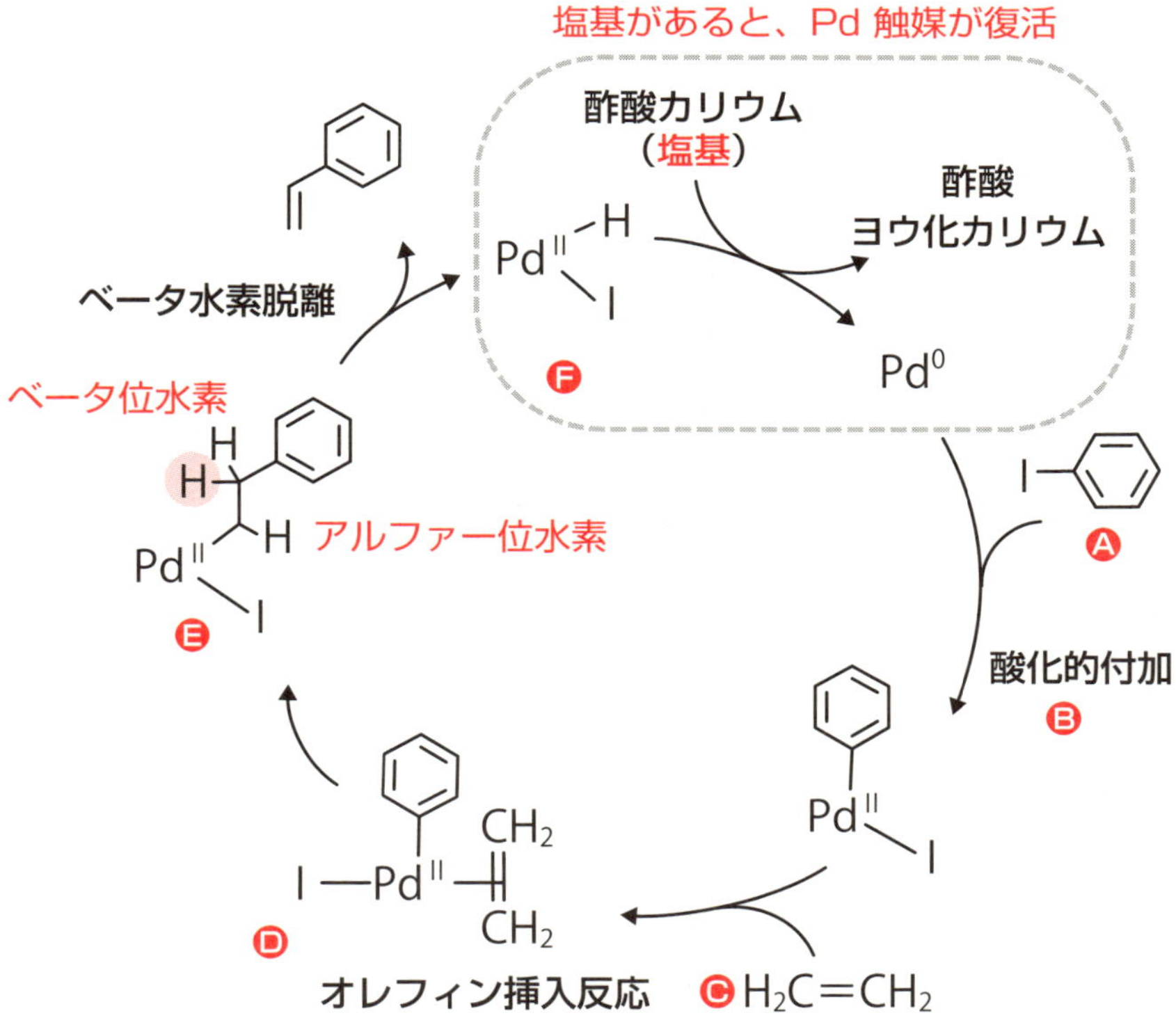

19 触媒がまわった

山本明夫博士の業績

辻・トロスト反応や溝呂木・ヘック反応が報告された頃、工業化されていた反応は、ワッカー反応の他に、エチレンやプロピレンを触媒により重合してポリエチレンやポリプロピレンが製造されていました。その頃、東京工業大学の山本明夫博士は、エチレンの重合触媒の反応を解明しようと金属とオレフィンの反応を詳細に研究していました。その中でニッケルにエチル基が2個結合した化合物Ⓐの合成に成功しました。

次に、この化合物を使って、オレフィンや一酸化炭素などいろいろな有機化合物との反応を研究しました。最初は、オレフィンにニトリル基がついているアクリロニトリルと反応しました。ニッケルにあらかじめ結合していた2つのエチル基が脱離すると同時に結合してブタンができ、アクリロニトリルが二分子ニッケルについた化合物ができることを発見しました。遷移金属に結合したアルキル基が脱離すると同時に結合し、金属が還元される還元的脱離の発見です。次にクロロベンゼンⒷを反応させると、アクリロニトリルの時と同様にニッケルにあらかじめ結合していたエチル基が、2つとも脱離すると同時に結合してブタンⒹを与え、クロロベンゼンは、塩素とベンゼンの結合が切れて両方ともニッケルに結合した化合物Ⓒができました。遷移金属からの炭素置換基の還元的脱離とハロゲン化合物のハロゲンと炭素の結合が切れて金属を酸化しながら結合する酸化的付加が起こることを発見しました。

山本博士は、このニッケル上で起こる新反応を1970年に論文に報告しました。この時点でクロスカップリング反応の触媒サイクルの3分の2は完成したことになります。この報告にヒントを得て、京都大学の熊田誠博士と玉尾皓平博士は、トランスメタル化を組み合わせてクロスカップリングを完成させることになります。山本博士の発見がなければクロスカップリング反応の発見は、なかったかもしれません。

要点BOX
- ●還元的脱離、酸化的付加の発見
- ●触媒サイクルの3分の2をつなげる

ジエチルニッケル錯体とクロロベンゼンの反応（1970年）

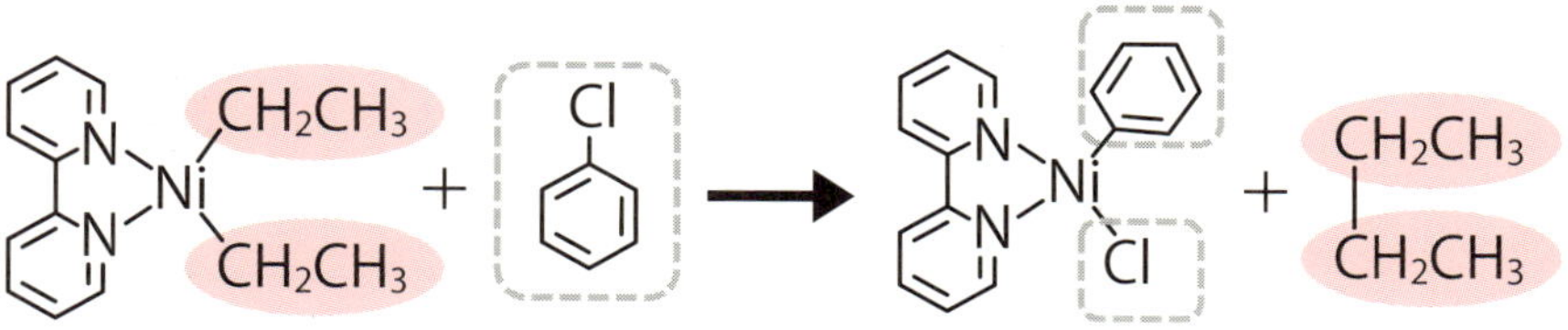

Ⓐ ジエチル ニッケル錯体　Ⓑ クロロ ベンゼン　Ⓒ 新たな ニッケル錯体　Ⓓ *n*-ブタン

クロスカップリング反応開発のヒント

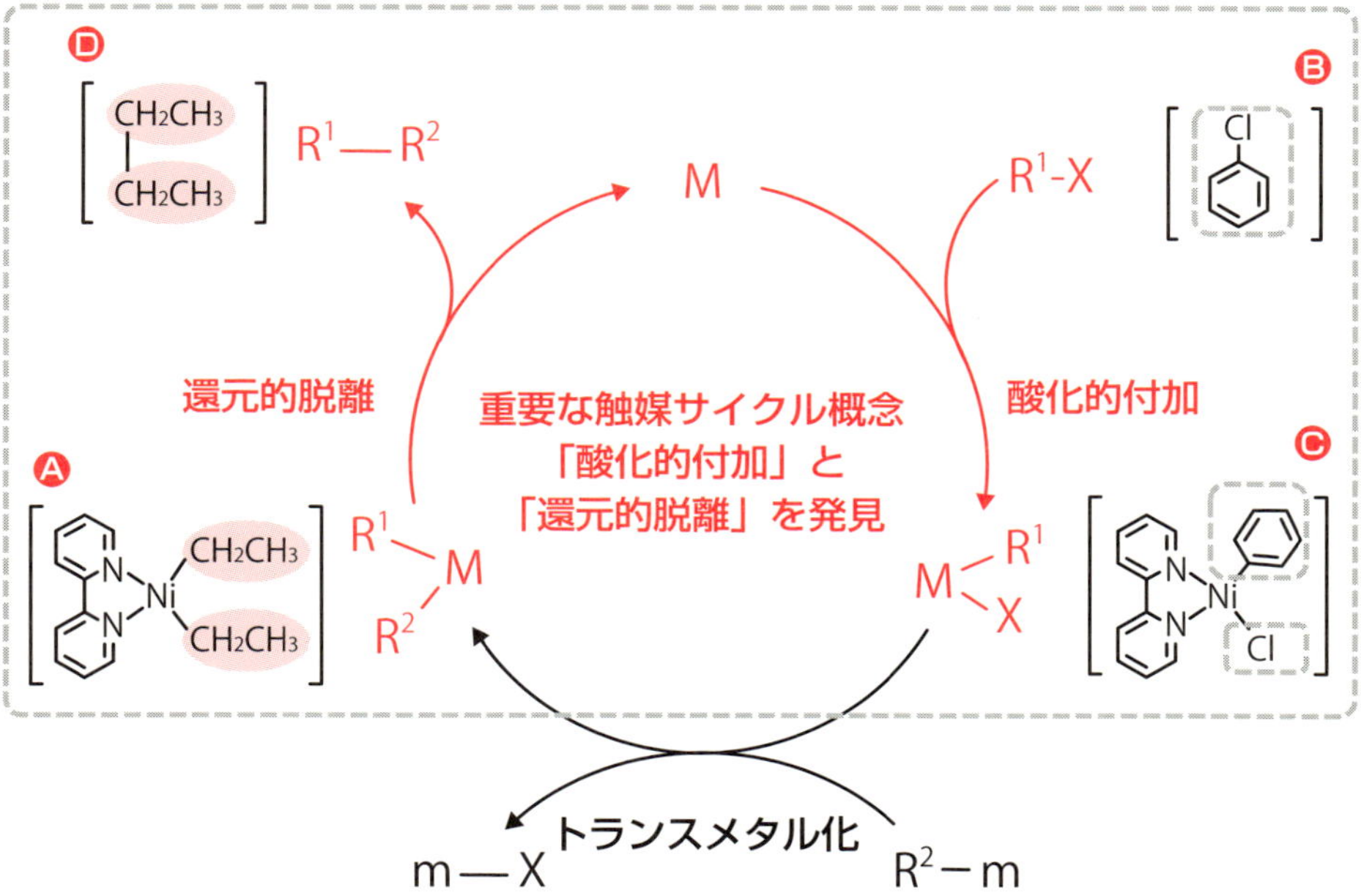

R^1、R^2、X、M及びmは反応を一般化して表現したもの

R^1及びR^2 = 有機化合物の置換基　X = ハロゲン原子　M及びm = 金属原子

20 触媒サイクルの完成！

1965年、辻博士によるパラジウム触媒炭素－炭素結合形成反応（辻・トロスト反応）の発見。1970年、山本博士によるニッケル化合物のアルキル基の還元的脱離・ハロゲン化合物の酸化的付加の報告。そして、1971～72年、溝呂木・ヘック反応の発見。このようにクロスカップリング反応の基盤は、日本で研究されています。

山本博士による、ニッケル化合物の論文を読んだ京都大学の熊田誠博士と玉尾皓平博士は、クロロベンゼンがニッケルに酸化的付加したクロロフェニルニッケル化合物Ⓐの塩素は、グリニャール試薬Ⓑでアルキル化（トランスメタル化）できると気づきました。その結果生成するアルキルフェニルニッケル化合物Ⓒのフェニル基とアルキル基は、山本博士の報告の通りに塩化ベンゼンにより還元的脱離し、同時に塩化ベンゼンはニッケルに酸化的付加することで、一続きになり触媒サイクルとなると仮説を立てました。実験すると仮説通り反応が進み、グリニャール試薬と芳香族ハロゲン化合物とのニッケル触媒クロスカップリング反応として1972年に報告しました。

ほぼ同時に、フランス・モンペリエ大学のコリュー博士によっても独立して報告されたため、現在、熊田・玉尾・コリュー反応と呼ばれています。この時は、まだクロスカップリングという言葉すら論文には登場していませんでした。ニッケルとホスフィン配位子を組み合わせたこの反応は、配位子の構造により制御できることも初めて明らかにしました。例えば、二級アルキルグリニャール試薬とベータブロモスチレンの反応は一級アルキル基への異性化やベータ水素脱離によるアルケンの副生が起こることがありましたが、触媒に配位挟角の大きな配位子であるジフェニルホスフィノフェロセンを使用すると還元的脱離が促進され一級アルキルへの異性化が抑制された二級アルキルカップリング体の収率が向上しました。

要点BOX
- ●クロスカップリング反応触媒サイクルの完成
- ●触媒反応は配位子によりコントロールできる

3つの反応が回って触媒サイクルが完成

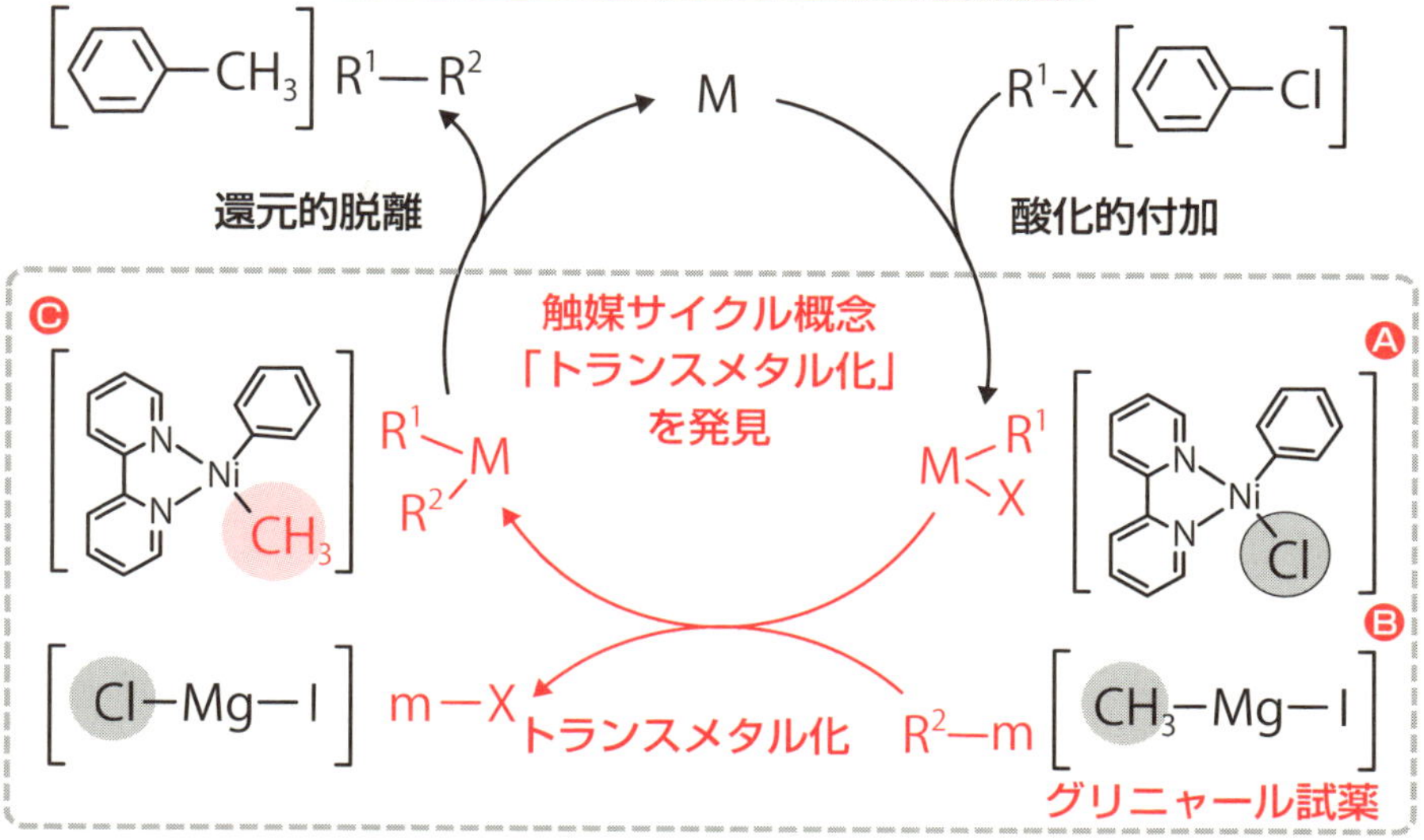

R^1、R^2、X、M及びmは反応を一般化して表現したもの

R^1及びR^2 = 有機化合物の置換基　X = ハロゲン原子　M及びm = 金属原子

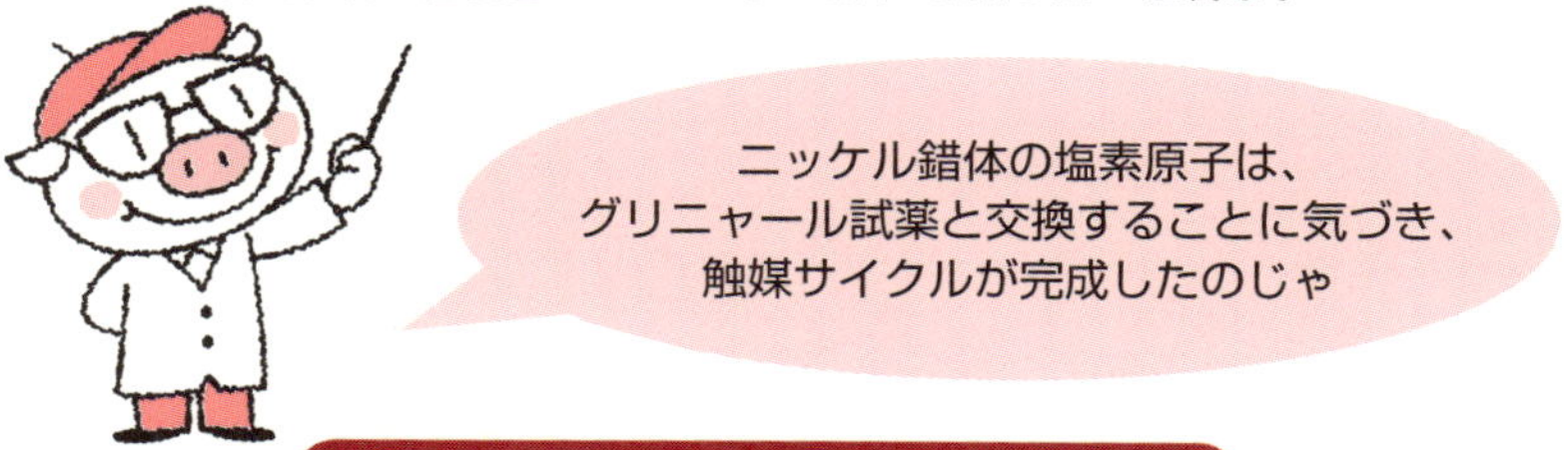

熊田・玉尾・コリュー 反応（1972年）

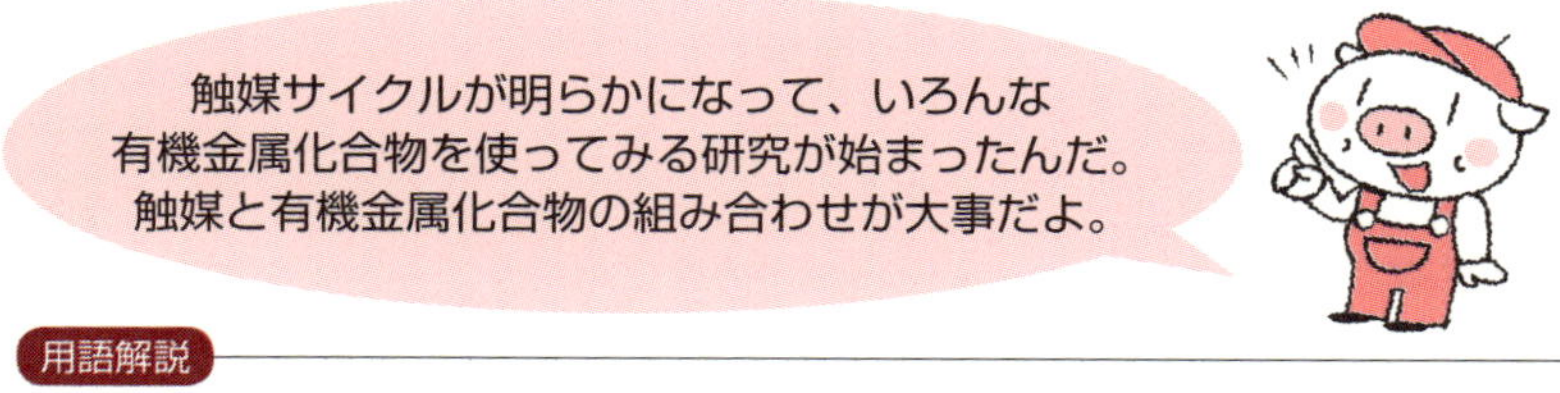

用語解説

配位狭角：二座配位子が触媒金属となす角

21 いろいろな金属を使ってみる

村橋反応、根岸反応

大阪大学の村橋俊一博士は、有機リチウム化合物と臭化ビニルのクロスカップリング反応を研究していました。熊田・玉尾・コリュー反応を参考にニッケル触媒を使って研究していましたが思うように反応しませんでした。しかし、パラジウム触媒を使うと目的のクロスカップリング化合物が得られることを発見し1975年に報告しました。ベータブロモスチレンを用いてパラジウムを触媒に用いるとメチルリチウムやブチルリチウムといったアルキルリチウムやフェニルリチウムなどがクロスカップリング反応に使用できました(村橋反応)。また、パラジウム触媒によりメチルグリニャール試薬やビニルグリニャール試薬のクロスカップリング反応も進むことを発見しました。

この後、クロスカップリングの研究は、酸素に対して安定で毒性が低いこと、ホモカップリングやラセミ化、ビニル炭素の立体化学の消失などにつながるラジカル中間体を伴わず反応が進行するためパラジウム触媒を使った反応開発が活発になりました。

当時米シラキュース大学の根岸英一博士は、グリニャール試薬やリチウム試薬は反応し易いが官能基許容性が低く有機合成に使うには限界があると考え、ホウ素、アルミニウム、銅、亜鉛、ジルコニウム、スズなど周期律表の元素を網羅的に調べました。その結果、アルキニルホウ素化合物と芳香族ヨウ化物のクロスカップリング反応が進行することを発見したり、アルケニルアルミ化合物とヨウ化ビニルおよび臭化ベンゼンのクロスカップリング反応を1976年に報告したりしました。そして、有機亜鉛化合物のクロスカップリング反応が、最も広範なクロスカップリング反応(根岸反応)に使用できることを1977年に報告しました。有機亜鉛化合物は反応性が低く、グリニャール試薬やリチウム試薬が反応するような官能基とは反応しない使いやすい反応として利用されました。

要点BOX

- 村橋反応はリチウム試薬のカップリング反応
- 根岸反応は亜鉛化合物のカップリング反応

村橋反応（1975年）

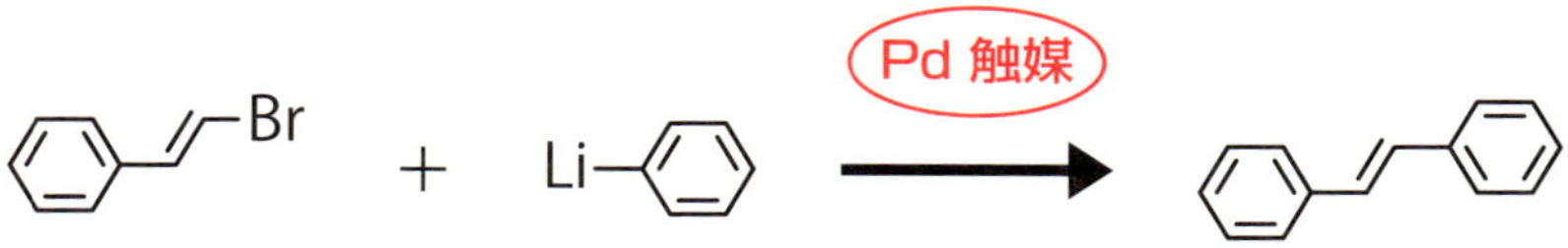

ベータブロモスチレン　　有機リチウム化合物　　スチルベン

当時活発だった Ni 触媒のかわりに、Pd 触媒を用いたのが特徴じゃの。以後、Pd 触媒を中心にクロスカップリング反応開発が発展したのじゃ。

Pd 触媒の利点

・Ni 触媒よりも安定で取り扱いやすい
・反応性が高く、幅広い原料が利用できる

根岸反応（1977年）

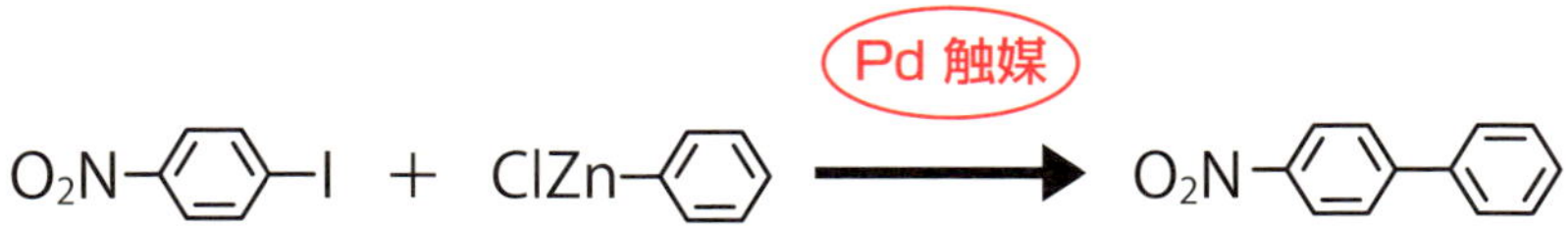

4-ニトロヨードベンゼン　　有機亜鉛化合物　　4-ニトロビフェニル

根岸クロスカップリング反応の利点

・有機亜鉛化合物は、他の官能基との反応性が低い
　→有機マグネシウム及びリチウム試薬よりも使いやすい
・おだやかな条件で反応が進行

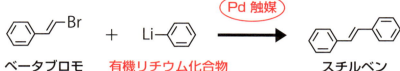

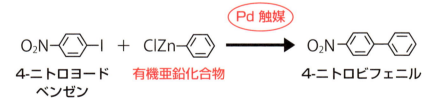

22 銅を使う

薗頭・萩原反応

アセチレンと遷移金属の反応によるアセチル化金属化合物の研究をしていた大阪大学の薗頭健吉博士と萩原信衛博士は、熊田・玉尾・コリュー反応を参考に触媒量のパラジウムとヨウ化銅と塩基を使って、芳香族ハロゲン化合物と末端アルキンⒶとのクロスカップリング反応を1975年に報告しました。ヘック博士（溝呂木・ヘック反応開発者）、カサー博士（イタリア・モンテジソン社）も同年、同じ反応を報告しています。しかし、ヘック博士とカサー博士のものは銅触媒を使わず塩基でアルキン末端水素を引き抜くことでアルキン陰イオンを発生させた反応で、芳香族ハロゲン化合物が酸化的付加した錯体のパラジウム-ハロゲン結合をアルキン陰イオンで直接置換していたため高温の反応になっていました。

銅アセチリドⒷをハロゲン化合物と反応させるとアセチル化が進行することは米カリフォルニア大学のカストロ博士とステファンス博士が1963年に報告していました。しかし薗頭・萩原反応が触媒量の銅塩とパラジウムで進行するのに対し当量の銅塩が必要なカストロ・ステファンス反応は有機溶媒に銅塩が不溶で、反応が高温で、ハロゲン化合物に限りがあり、うまくいかないことも多く使いづらい反応でした。また、銅アセチリドは非常に反応し易いため不安定で爆発性があるためあらかじめ調製して使用するには危険でした。それに比べ薗頭・萩原反応では、触媒量の銅塩を使い反応中に銅アセチリドを少しずつ発生させるため安全で、室温程度で反応が進みました。アルケンとアルキンが結合したエンインⒸという有機化合物の合成が簡単に誰にでもできるようになりました。

そのため現在では、抗生物質をはじめいろいろな医薬品・化成品の合成や、有機電子材料として注目されているベンゼン環とアセチレンが交互に結合した高分子材料の合成などに利用されています。

要点BOX
- ●アルキンとハロゲン化合物のカップリング反応
- ●パラジウムと銅触媒と塩基が必要

薗頭・萩原反応（1975年）

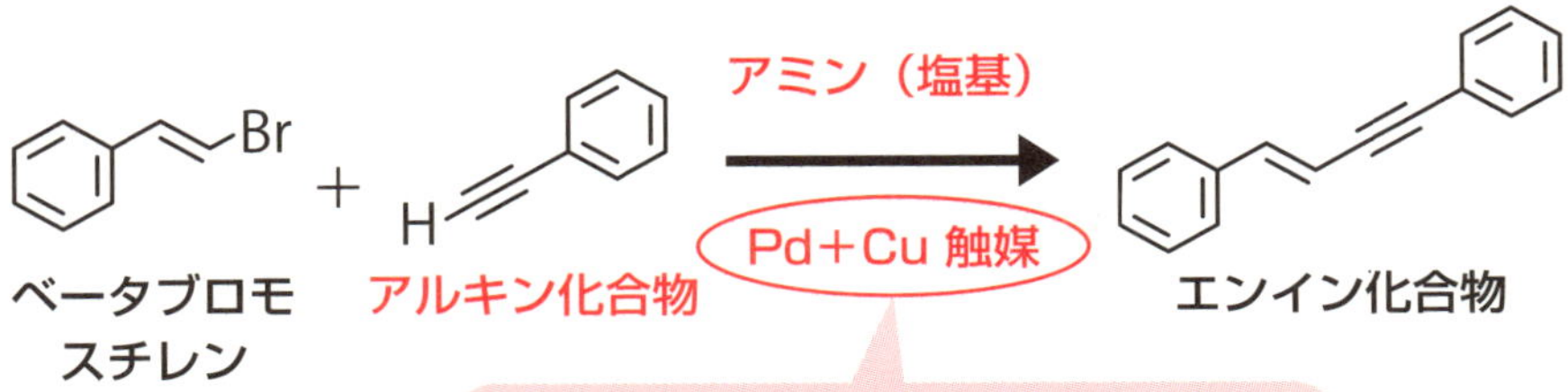

・Pd触媒がない場合
→当量の銅塩（銅アセチリド）が必要
・Cu触媒がない場合
→過激な反応条件（加熱）が必要

薗頭・萩原反応の仕組み

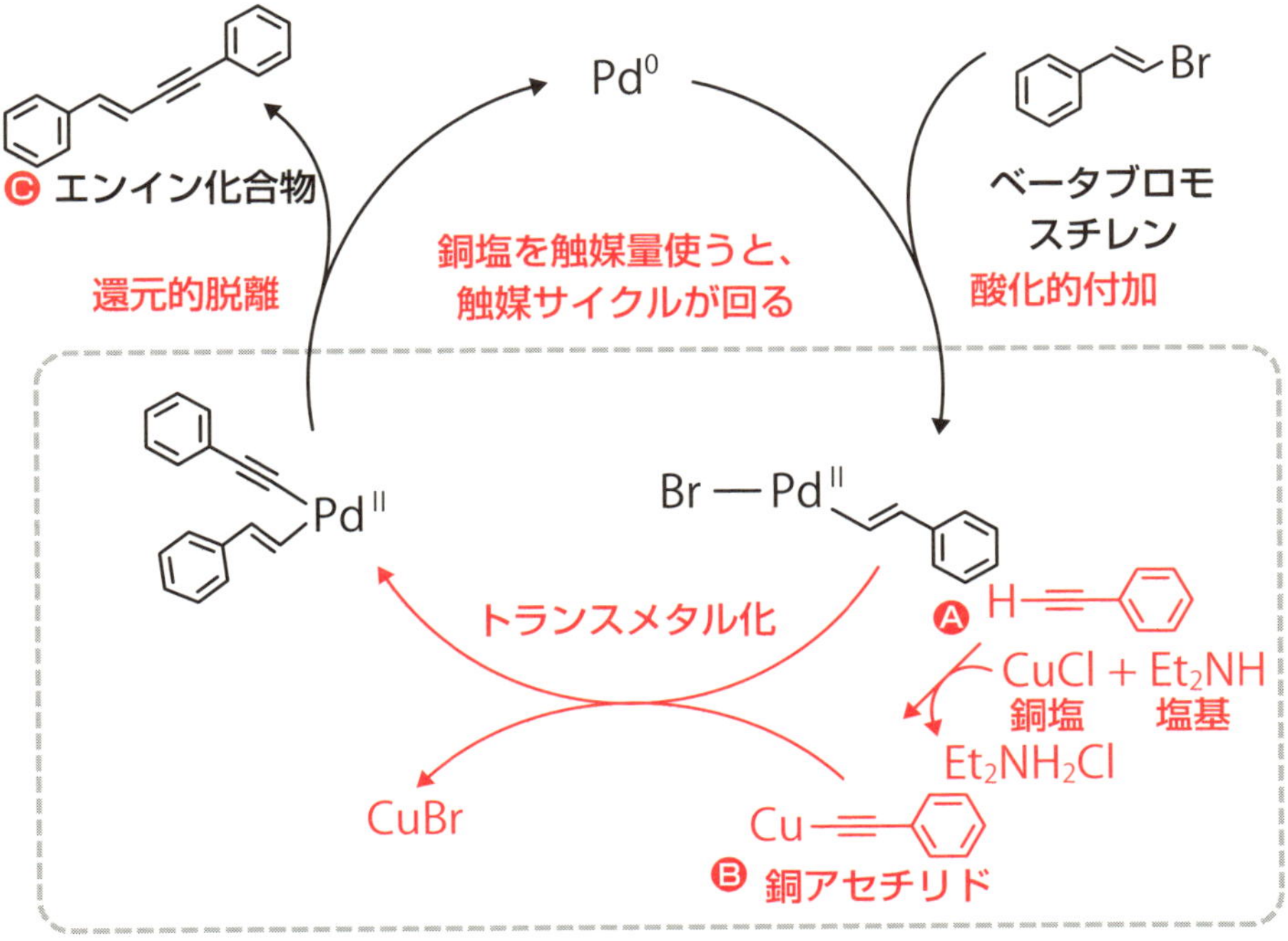

用語解説

触媒量：反応させる化合物のモル数に対して少しの量
当量：反応させる化合物のモル数と同じ量

23 スズを使う

右田・小杉・スティレ反応

1977年に群馬大学の右田俊彦博士・小杉正紀博士、1978年に米コロラド州立大学のスティレ博士らにより有機スズ化合物とハロゲン化合物のパラジウム触媒クロスカップリング反応が報告されました。グリニャール試薬や有機リチウム試薬、有機亜鉛試薬などこれまで発見されたどのクロスカップリング反応よりも、有機スズ化合物はその低い反応性により酸素や湿気にも影響されず保存ができ、ケトンなどのグリニャール試薬やリチウム試薬と反応するようなほとんどの官能基に影響を及ぼしませんでした。

有機スズ化合物は、合成も簡単でグリニャール試薬あるいは有機リチウム試薬とハロゲン化スズとの反応やパラジウム触媒による芳香族ハロゲン化合物とヘキサブチルジスズ化合物とのクロスカップリング反応により合成できます。保存も効いて安定で使いやすいスズ化合物ですが、唯一の欠点は、その強い毒性でした。実験室で使用するには大変便利でしたが、工業的に利用するのは難しく、特に医薬品の合成にはほとんど使用されていません。

右田・小杉・スティレ反応の特徴をもう少し説明します。芳香族-芳香族、芳香族-アルケニル、アルケニル-アルケニルのいずれの組み合わせもクロスカップリング反応が可能です。触媒配位子の選択により立体的に込み合った芳香族塩化物のクロスカップリング反応が進行するようになりました。フッ化物イオンを加え配位子にトリターシャリーブチルホスフィンを用いるとハロゲン化アルキルのアルケニル化やアルキル化が可能になります。いろいろなスズ試薬が使用でき収率よくクロスカップリング体を得ることができるため、複雑な化合物の合成にも適しています。有機スズ上にブチル基を利用するとブチル基は反応には使用されず目的の置換基のみがクロスカップリング反応に使われるため狙った結合が確実に合成できます。

要点BOX

- スズ化合物は安定で使いやすい
- 毒性があるので使用には注意が必要

右田・小杉・スティレ反応（1977-78年）

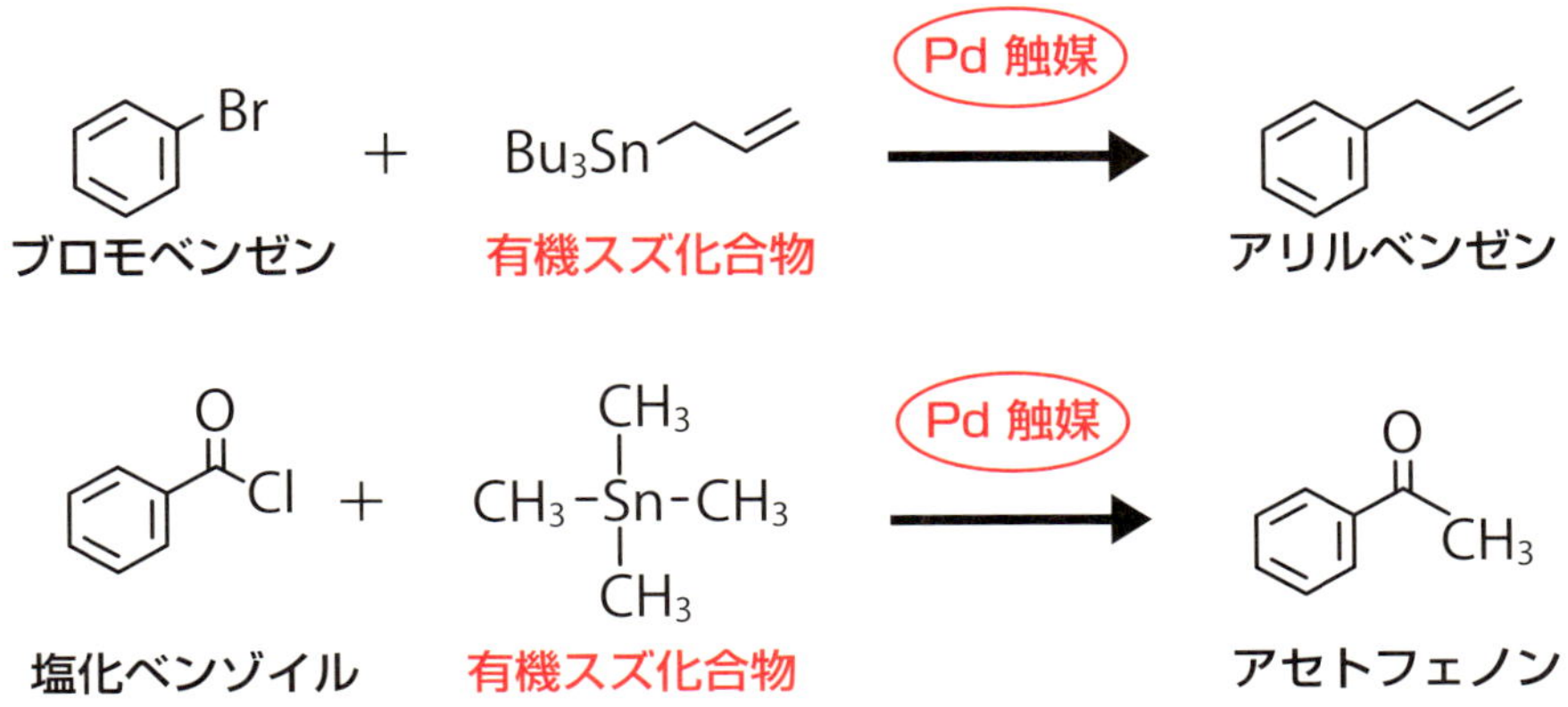

他に添加物はいらず、
中性条件で反応が進行するよ。
酸やアルカリ条件に弱い
原料も使える反応なんだ。

有機金属化合物の特徴

金属種	スズ	亜鉛	マグネシウム リチウム
安定性（水分、空気）	安定	⟷	不安定
クロスカップリング反応条件	穏やか	⟷	厳しい
適用材料の広さ	広い	⟷	狭い
毒性	猛毒	—	—

有機スズ化合物は強い毒性が
あることに注意じゃぞ。
反応自体は優れているため、
実験室レベル（少ない取扱量）では
大変便利な反応じゃ。

24 ホウ素を使う

クロスカップリング反応が日本を中心に発展を遂げた経緯について触れてきました。マグネシウム、リチウム、アルミニウム、亜鉛、ジルコニウム、銅、スズと周期表の元素をフルに使った信頼性の高い反応として深化を遂げました。そのような背景のもと北海道大学の鈴木章博士・宮浦憲夫博士は、有機ホウ素化合物（ボロン酸）を使ったクロスカップリングができないかと1975年あたりから試行錯誤を続けていました。ホウ素は13族唯一の非金属元素で電気陰性度は2.0と炭素のそれ（2.5）とほとんど変わりません。このため有機ボロン酸の炭素-ホウ素結合は、共有結合で反応試薬としては使えませんでした。他のクロスカップリング反応に使われていた金属試薬がイオン的でいろいろな反応に使えたのとは対照的です。

この性質のため、他の有機金属化合物が苦手とする水や酸素に安定でほとんどの官能基とのイオン反応に不活性でした。このため当初クロスカップリング反応には使えませんでしたが、塩基を加え4配位ホウ素化合物Ⓒにするとホウ素上有機基の反応性が増しトランスメタル化するようになりました。ナトリウムエトキシドのエタノール溶液などを添加すると反応が劇的に進行するようになりました。

鈴木博士らは1979年にブラウンヒドロホウ素化で得られるビニル型ホウ素化合物Ⓑとビニル型臭素化合物Ⓐのクロスカップリング反応が進行し共役ジエンⒹが得られることを報告しました。その後すぐに臭化アルキン、塩化アリル、臭化ベンジル、芳香族臭素化合物で同様の反応が進行することを報告しました。

その後、1981年に現在最も使用されている芳香族-芳香族クロスカップリングが報告されました。安定で取り扱い容易、廃棄物の処理が簡単で無毒、反応の選択性が高く副反応が起こらないという利点から有機合成の方法論を大きく変えた反応として2010年ノーベル化学賞を受賞しました。

要点BOX

- 有機ボロン酸のクロスカップリング反応
- 塩基の添加により反応が進むようになる

鈴木・宮浦反応（1979年）

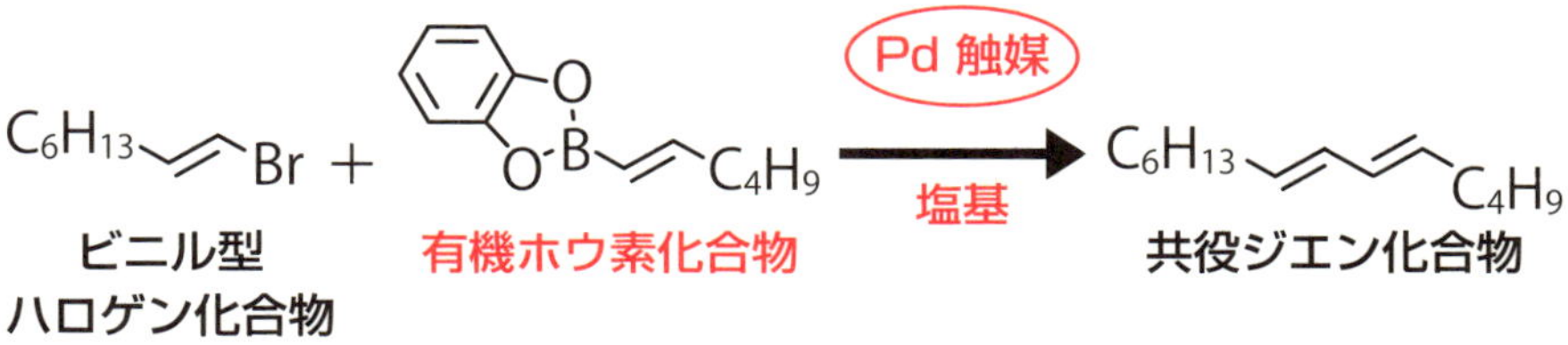

鈴木・宮浦反応の仕組み

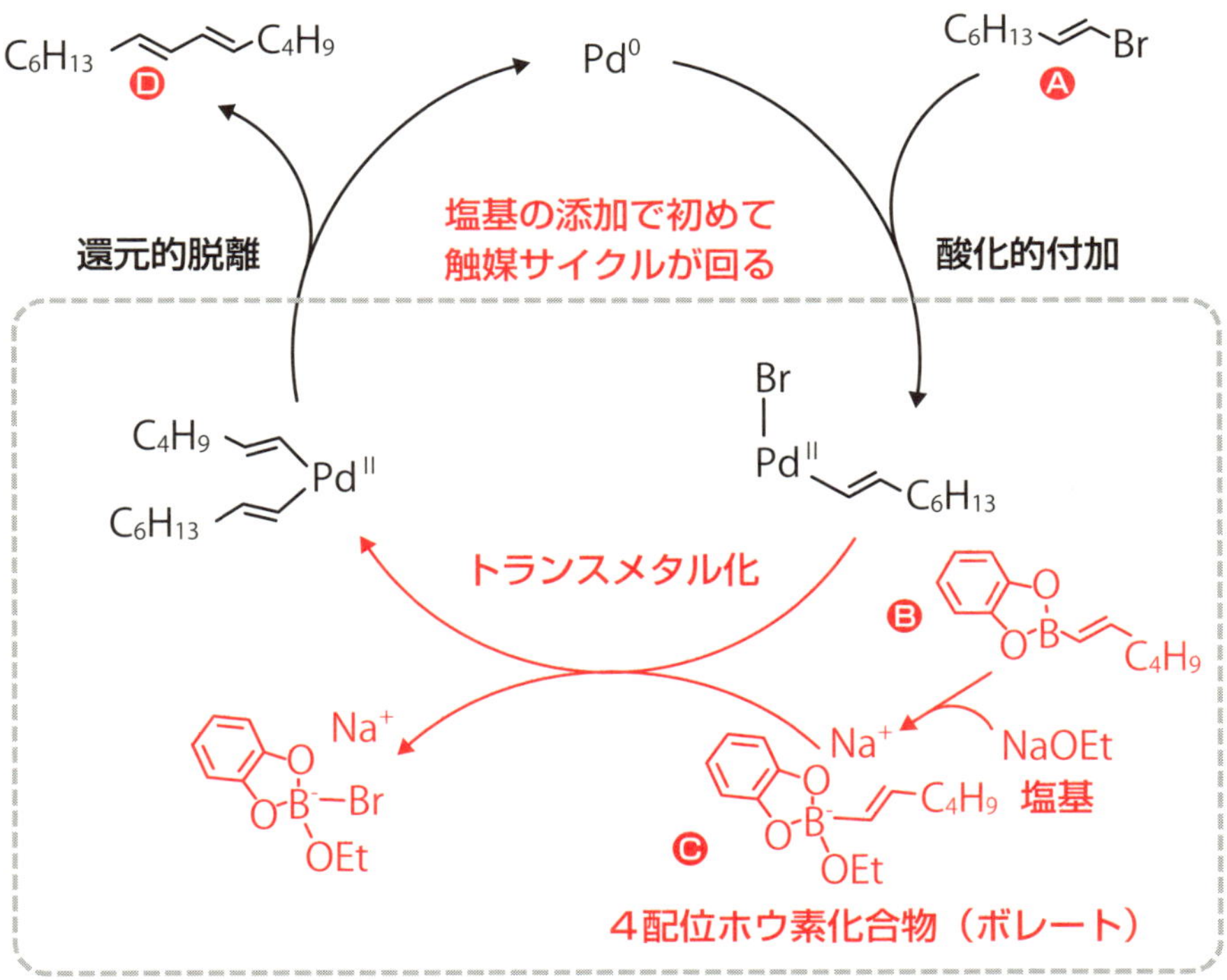

塩基を加えることで初めて
トランスメタル化するようになり、
劇的に反応が進行したのじゃ。
この発見がブレークスルーじゃった。

25 ケイ素を使う

檜山反応

鈴木・宮浦反応が報告されると京都大学の吉田潤一博士・玉尾皓平博士・熊田誠博士らは有機ペンタフルオロシリケートと芳香族ヨウ化物がパラジウム触媒によりクロスカップリングすることを1982年に報告しました。しかし、高温が必要で一般的に利用するには難しいものでした。この報告を参考に1988年に相模中央研究所の畠中康夫博士・檜山爲次郎博士は有機ボロン酸が塩基の添加により4配位ホウ素化合物となるとトランスメタル化が進行するようになるのと同様にフッ化物イオンを添加すると有機ケイ素化合物がクロスカップリング反応に利用できることを明らかにしました。フッ化物イオンにより4配位ケイ素化合物Ⓐは5配位ケイ素化合物Ⓑを与えます。5配位ケイ素化合物は、中性の化合物よりも反応性が高くトランスメタル化が効率よく進行するようになりました。ケイ素化合物は、ホウ素と同じぐらい安定で取り扱いにほとんど注意を払う必要がなく、資源として豊富で毒性がないことが利点でしたが反応性が低く合成反応に広く利用されませんでした。

その後、ケイ素上にフッ素やアルコキシ基などの電気陰性度の高い置換基が置換していると、ケイ素がフッ化物イオンと結合しやすくなるため反応性が向上して使い易くなりました。さらにフッ化物イオンを使わずに塩基で活性化できる有機シラノール反応剤を使用する反応が開発されました。檜山博士らは2-ヒドロキシフェニル基置換ケイ素反応剤を用いたカップリング反応を2005年に報告しました。弱い塩基により容易に活性化され芳香族およびアルケニルケイ素化合物が芳香族およびアルケニルハロゲン化合物と反応してクロスカップリング生成物を与えます。副生する環状シリルエーテルは回収でき、再び有機ケイ素反応剤の合成に再利用できます。最近では、アルキルシランが使用できるようになりさらに使いやすい反応へと進化しています。

要点BOX

- 有機ケイ素化合物のクロスカップリング反応
- 5配位ケイ素化合物がトランスメタル化する

檜山反応（1988年）

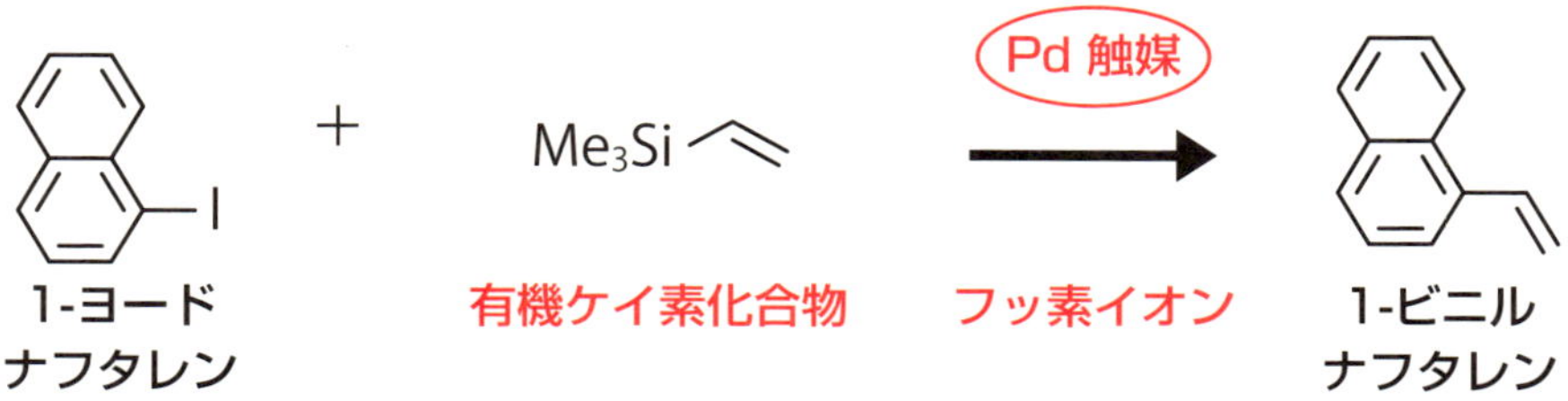

檜山反応の仕組み

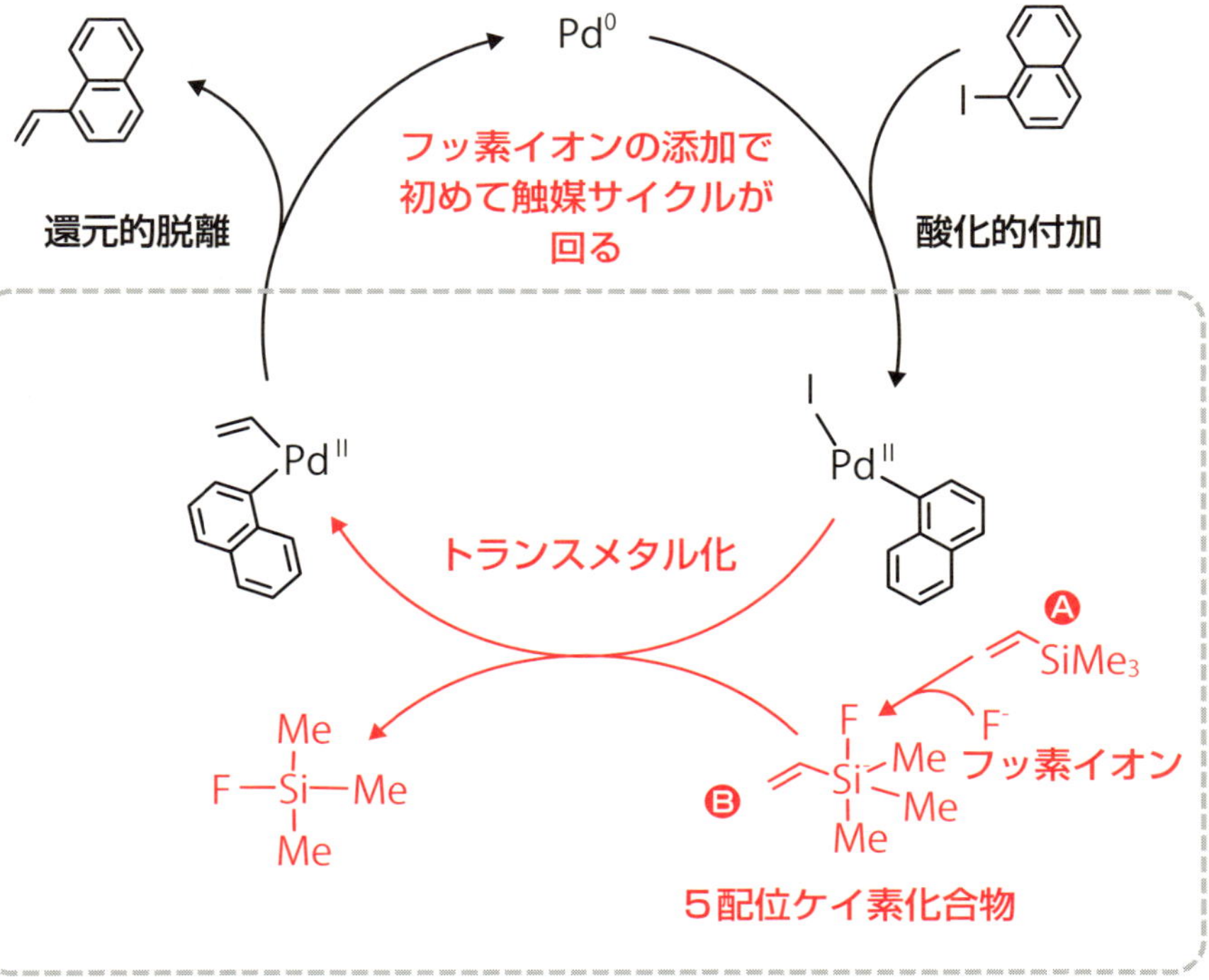

檜山反応もトランスメタル化がポイントじゃ。
フッ素の添加で、ケイ素化合物が
４配位ケイ素から５配位ケイ素になり、
反応が進行したのじゃ。

Column

ノーベル化学賞と有機合成化学

ノーベル化学賞の対象分野は化学と一言で言っても広く、有機化学、物理化学、分析化学、生化学、理論化学などがあります。前のコラム「ノーベル化学賞」でも紹介しましたが生化学分野の受賞が最も多く、次いで有機化学、物理化学、構造化学、核化学、化学反応速度、天然物化学、理論化学と続きます。一つの分野に偏らないように、最近では約5年周期で各分野が選ばれる傾向にあります。有機化学の中でも、さらに細かく分野がわかれています。有機合成反応に関する研究や有機化学の方法論や理論、有機物質の発見などがあります。有機合成反応に関するもの受賞は、グリニャール反応（1912）、ディールス・アルダー反応（1950）、天然物の全合成（1965）、ホウ素とリン化合物の有機合成への利用（1979）、有機合成の理論と方法論（1990）などです。2001年以降は、触媒を使った有機合成反応に対してほぼ5年間隔で授与されました（2001、2005、2010）。

受賞年	間　隔	受賞対象
1902		糖類およびプリン誘導体の合成
1905	3	有機染料の研究
1910	5	脂環式化合物の研究
1912	2	グリニャール反応の発見
1915	3	植物色素（クロロフィル）の研究
1927	12	胆汁酸と関連物質に関する研究
1928	1	ステロールとビタミンに関する研究
1930	2	ヘミンとクロロフィルの研究
1937	7	炭水化物、ビタミンCの研究
1938	1	カルテノイドとビタミンの研究
1939	1	フェロモンとテルペンの研究
1950	11	ディールス・アルダー反応の開発
1965	15	有機合成化学の発展
1969	4	コンホメーションの概念と化学への応用
1973	4	有機金属化学の発展
1975	2	反応と立体化学に関する研究
1979	4	ホウ素とリン化合物の有機合成への利用
1987	8	クラウン化合物の開発
1990	3	有機合成の理論と方法論の発展
1994	4	カルボカチオンの化学
1996	2	フラーレンの発見
2001	5	キラル触媒の開発
2005	4	メタセシス触媒の開発
2010	5	パラジウム触媒クロスカップリング反応の開発
2016	6	分子マシンのデザインと合成

第4章

クロスカップリング反応の進化と応用

26 ボロン酸が必要だ！

鈴木・宮浦反応が開発された頃は、ブラウンヒドロホウ素化反応で合成できるアルケニルホウ素化合物と有機リチウムあるいはマグネシウム化合物とホウ酸エステルとのトランスメタル化反応を利用して合成できる有機ボロン酸（ホウ素化合物）が主に使われていました。しかし、有機リチウムやマグネシウム化合物は反応性に富むため官能基に対する制約が多く複雑な化合物は準備できませんでした。しかし、鈴木・宮浦反応が私たちの生活の中で役立つものの合成に利用されるようになるとより複雑で多くの種類の有機ホウ素化合物が必要になりました。

そこで1995年にクロスカップリング反応開発者の宮浦博士・石山博士（北海道大学）は、ホウ素とホウ素が結合したジボロンと呼ばれる化合物とハロゲン化合物とのパラジウム触媒クロスカップリング反応を開発しました。さらに、2005年には、宮浦博士・石山博士とハートウィグ博士（米エール大学）の共同研究によりイリジウム触媒を使って、身の回りに豊富にある有機化合物の炭素-水素結合の狙った位置を直接ホウ素に変換する方法が発見されました。その他にも、無触媒で行っていたブラウンヒドロホウ素化反応に触媒を使うと無触媒でできるものとは違った種類のホウ素化合物が簡単に合成できることがわかってきました。反応に使うホウ素化剤もヒドロボラン、ジボロンをはじめ、シリルボラン、シアノボラン、チオボランなど多くの種類が新しく作られホウ素化合物の合成に利用されています。

このような新しいホウ素化合物の合成法の開発により、これまでの方法では作ることができなかった種類のホウ素化合物が利用できるようになりました。2600万化合物が登録されているデータベース「REAXYS」によると現在6500種類のボロン酸化合物が市販されています。鈴木・宮浦反応により思い通りに有機化合物が合成できるようになりました。

要点BOX

●ホウ素化合物も触媒を使って自在に作る
●6500種類のホウ素化合物が市販される

ボロン酸の合成方法

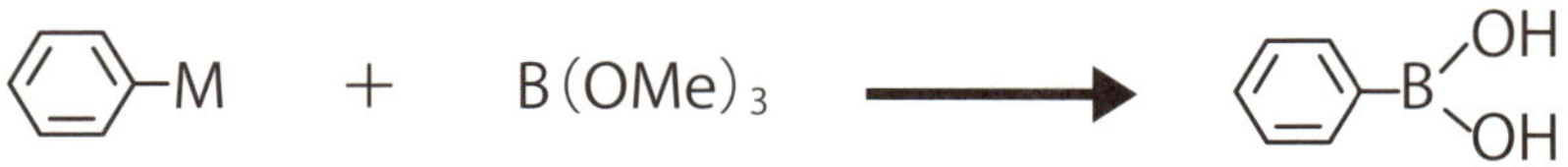

M＝リチウム
or
マグネシウム

ホウ酸トリメチル

ボロン酸

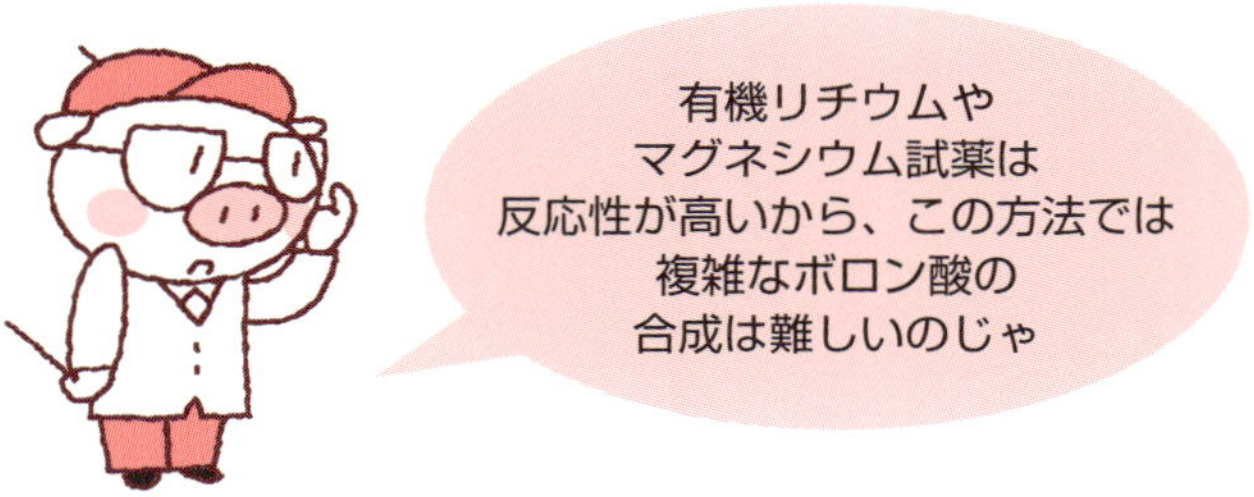

金属触媒を使ったボロン酸エステルの合成方法

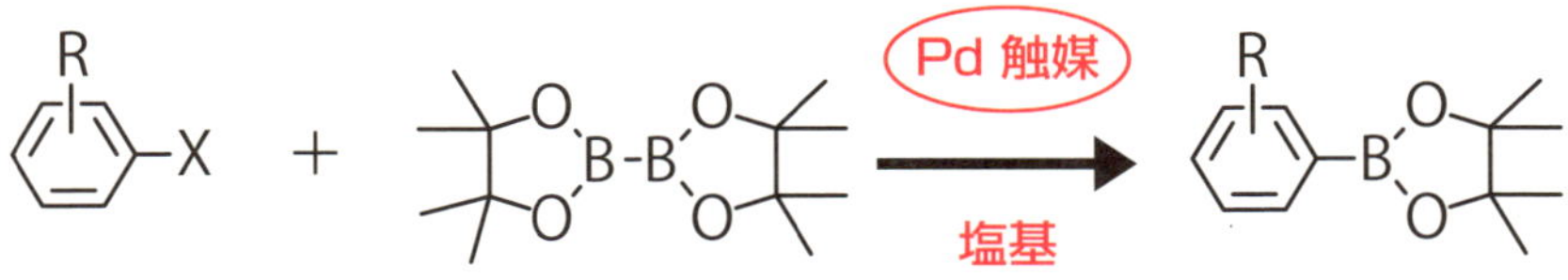

X=Cl, Br, I
ハロゲン化合物

ジボロン化合物

ボロン酸エステル

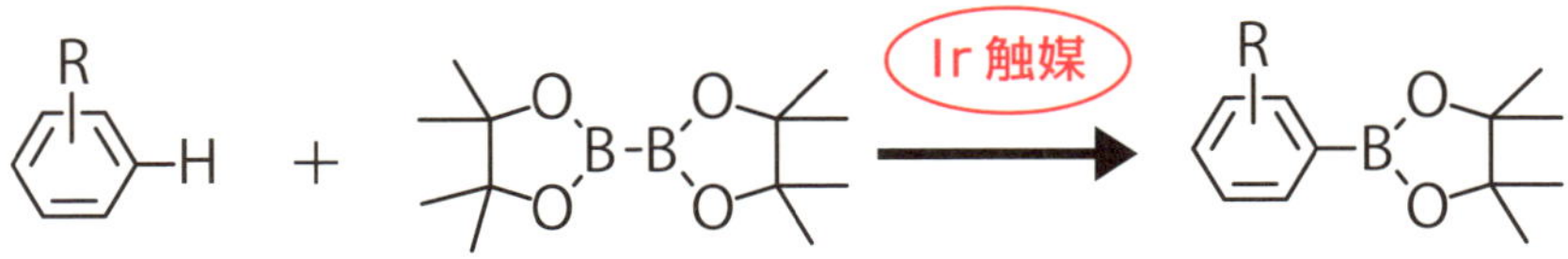

有機化合物

ジボロン化合物

ボロン酸エステル

➡ 様々な置換基Rを持ったボロン酸エステルが合成可能に！

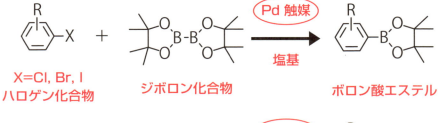

27 進化し続けるボロン酸

使い易いボロン酸の新しい形

有機ボロン酸は、イオン反応に不活性で酸素や水に安定で使い易いため鈴木・宮浦反応は有機合成の方法論を変えるほどの発展を遂げました。しかし、有機ボロン酸には少し困る性質があります。３分子が集まって脱水しながら結合した環化三量化体（ボロキシン）を与えることが良くあります。こうなると単量体（有機ボロン酸）と三量体（ボロキシン）の混合物となるため反応に使うときにモル数が計算できません。また、ホウ素に結合した有機基が電気陰性である場合やホウ素－炭素結合の周辺が立体的に込み合った有機ボロン酸は塩基水溶液中でホウ素－炭素結合の分解が起こることがあります。このため殆どの鈴木・宮浦反応では有機ボロン酸はハロゲン化合物よりも過剰に使用されます。

　このような背景から過剰に使用しなくても良いように三量化せず分解しにくい性質のピナコールエステルが開発されました。３０００種類ほどのボロン酸ピナコールエステルが市販されています。また、ホウ素は最外殻電子が３個で有機ボロン酸のホウ素原子はもう１つ電子対を受け入れることができる空の軌道を持っています。この性質のためアルコールや水の酸素原子による攻撃を受けエステル交換や加水分解を起こしたり、鈴木・宮浦反応では、塩基により反応性が向上したりします。この空の軌道にあらかじめ陰イオンを結合させると水などの攻撃を防ぎ加水分解に安定になり、三量化することもなくなります。このようなホウ素化合物としてトリフルオロボレート塩と呼ばれるホウ素化合物が開発されました。フッ素原子の強い電気陰性度のためホウ素に結合した有機基の反応性はきわめて低く、安定に扱えます。芳香族誘導体を中心に１００種類が市販されています。

　ボロン酸の問題点を克服した使い易いホウ素化合物が次々と開発され、さらに使い易い反応へと進化しています。

要点BOX

●有機ボロン酸ピナコールエステルは使い易い
●有機トリフルオロボレート塩は安定な個体

ボロン酸の化学的特徴①

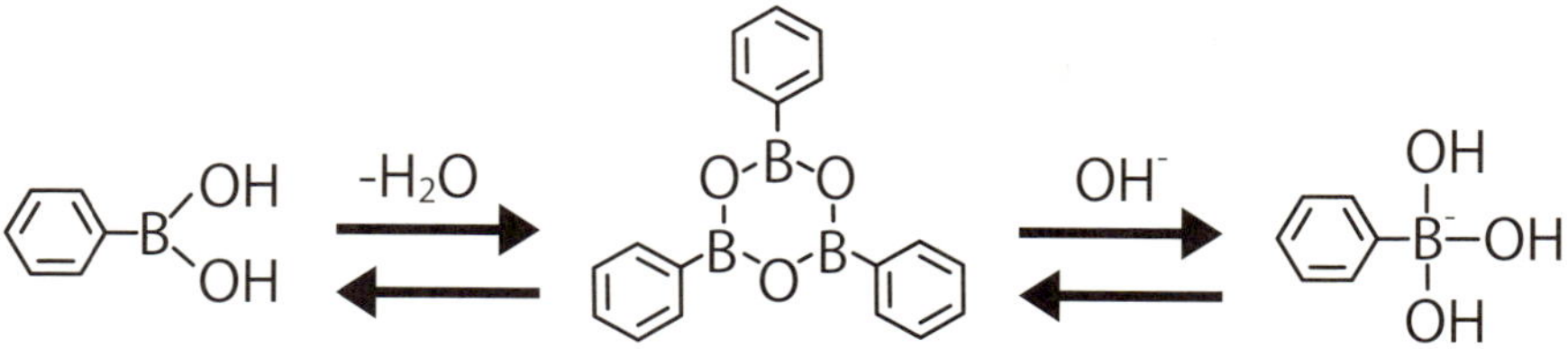

ボロン酸　ボロキシン　ボレート

通常、ボロン酸はボロキシンとの混合物の状態で存在する

塩基水溶液とすることで、反応活性なボレートになる

ボロン酸の化学的特徴②

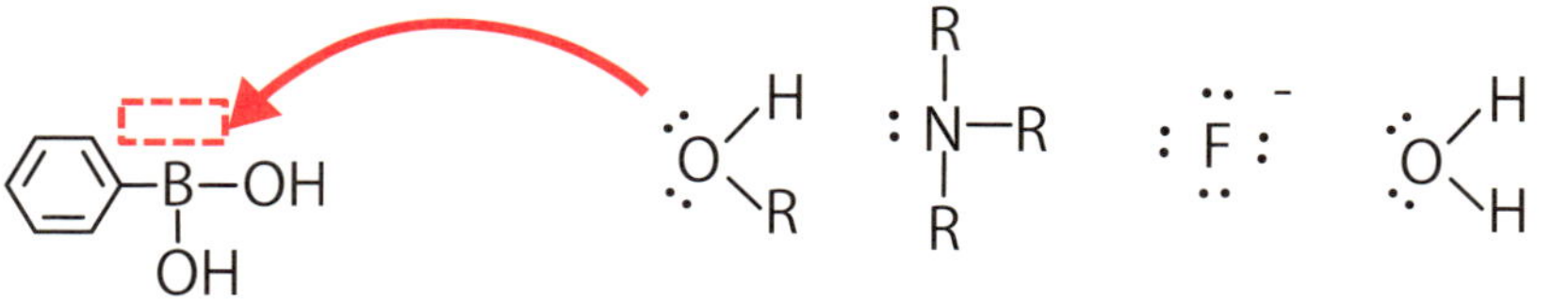

有機ボロン酸は、空の電子軌道を1つ持つ

非共有電子対を持つ化学種から攻撃を受けやすい

単量体のボロン酸（例）

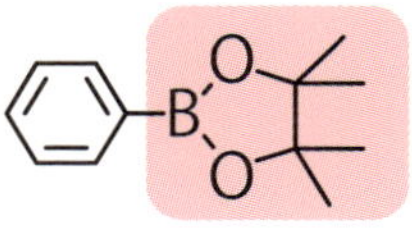

ボロン酸ピナコールエステル

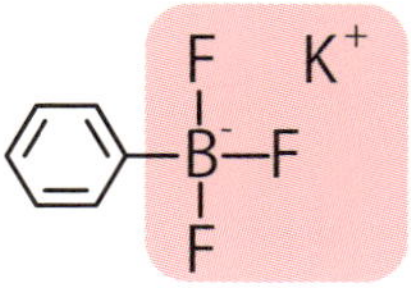

トリフルオロボレート

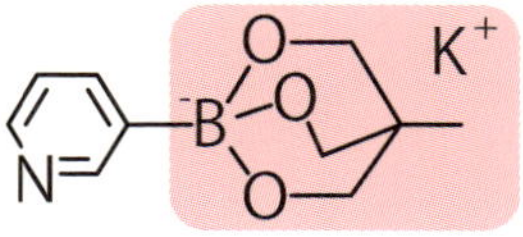

環状トリオールボレート

用語解説

ピナコールエステル：ボロン酸とピナコールが脱水縮合した化合物

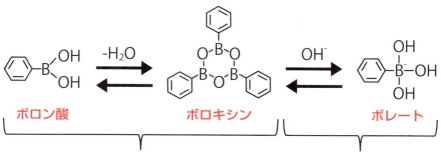

28 大事なホウ素を守ろう

MIDA、DANによるホウ素原子の保護

安定で取り扱い易い有機ボロン酸は、化学的には不活性であるため化学的修飾は比較的簡単です。例えばボロン酸の有機基の酸化、ハロゲン化、ニトロ化などはボロン酸のまま行えます。しかし、陰イオンとの反応は、ホウ素と反応してしまうので他の部位を修飾するのが難しくなります。そこで鈴木・宮浦反応に使う時までホウ素原子を保護しておいて、反応させたい時に除去して使うことができるような物が作られました。前項でも紹介したトリフルオロボレート塩や窒素原子によるホウ素の保護が有効です。

トリフルオロボレート塩は、アジド化とクリック反応への利用、ウィティッヒ反応、ホーナー・ワズワース・エモンズ反応、酸化反応、エポキシ化、ジヒドロキシ化、金属-ハロゲン交換などボロン酸の形のままでは不可能な反応が可能になります。窒素原子の孤立電子対の配位を利用した物として、ジエタノールアミンエステルや米イリノイ大学のバーク博士が2007年に報告したN-メチルイミノ二酢酸（MIDA）で保護したボロン酸エステルがあります。MIDAボロン酸は安定性が高く鈴木・宮浦反応条件下不活性であり強アルカリ性で脱離しボロン酸が再生することから反復鈴木・宮浦反応に利用されました。プロペニルボロン酸とブロモベンゾフラニルボロン酸MIDAエステルをカップリングした後に脱保護、続く別の臭化芳香族ボロン酸MIDAエステルとのクロスカップリングと脱保護、続いて臭化ビニルとのカップリングといった反復鈴木・宮浦反応が可能になりました。

杉野目道紀博士（京都大学）は、ジアミノナフタレン（DAN）で保護したボロン酸アミドを開発しました。DANは酸性で脱保護されるため鈴木・宮浦反応中、完全なボロン酸の保護が可能でとっても使い易い保護基です。このような方法により、複雑な有機分子が、模型を組み立てるかのように合成できるようになりました。

要点BOX

- ●MIDAは強アルカリ性で除去して鈴木反応に使う
- ●DANは、酸性で除去して鈴木反応に使う

ボロン酸の保護基（MIDA, DAN）

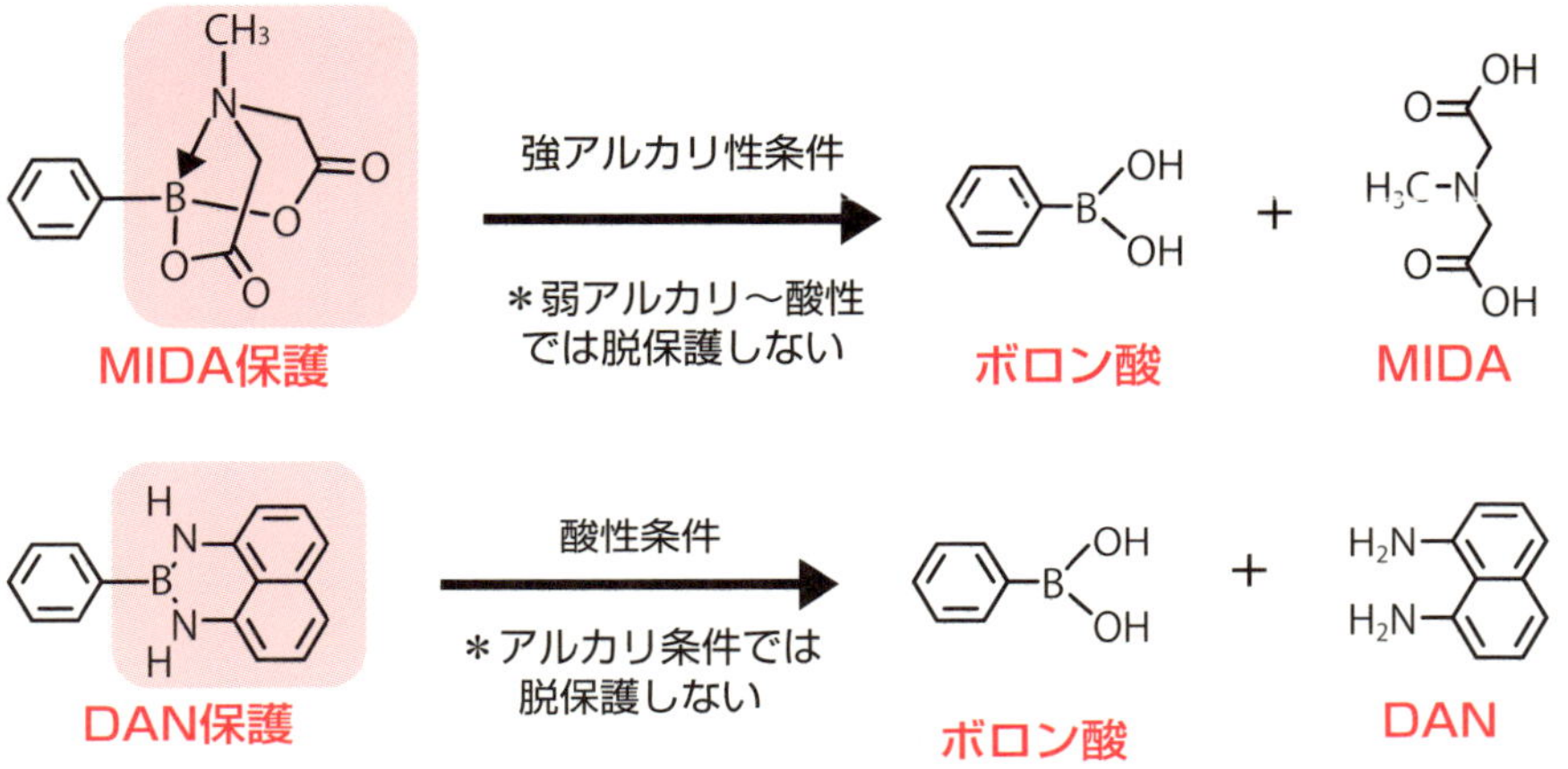

MIDAの活用例（反復鈴木・宮浦反応の例）

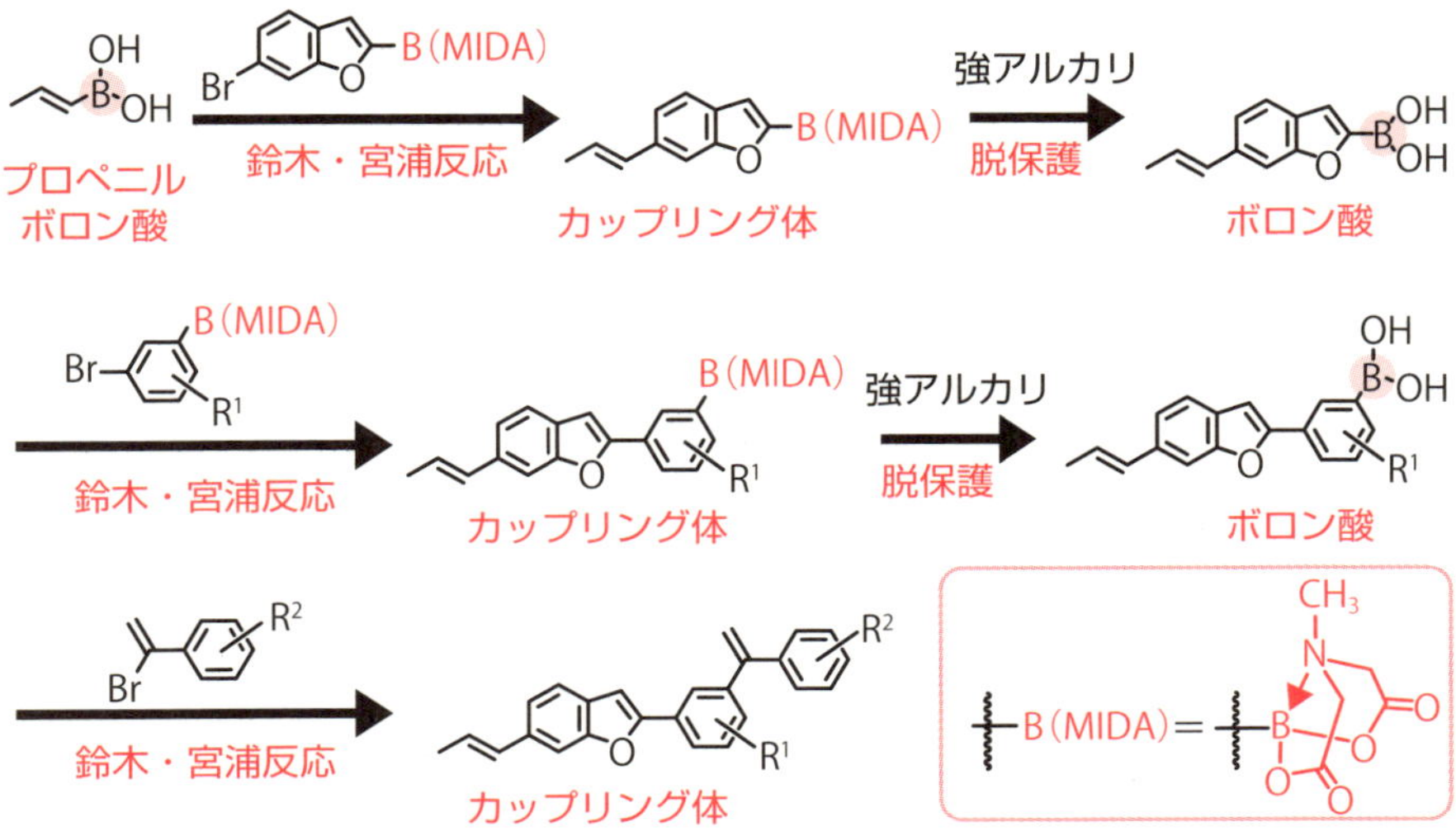

用語解説

反復鈴木・宮浦反応：ホウ素が保護されたハロゲン化ホウ素化合物（MIDA ボロン酸）を利用するとカップリング体を繰り返し鈴木・宮浦反応に使用できるようになる

29 塩基は絶対必要か

ボレートの利用

鈴木・宮浦反応は、アルカリ性水溶液中、ハロゲン化合物とホウ素化合物とをパラジウム触媒を使って結合さる反応として1980年頃から30年間発展し続け、私たちの身の回りを便利にする物質の合成に役立ってきました。しかし、反応に使うためにいろいろなホウ素化合物を合成してみると、中にはアルカリ性水溶液中不安定で反応しにくい種類があることがわかってきました。これでは、望みの物質を合成できないばかりかその物質の性質もわからないままです。

そんな不安定なホウ素化合物を使うために、世界中で新しい解決方法が研究されました。一般に有機ボラン、有機ボロン酸、有機ボロン酸エステルなどが反応には使用されますが、トリヒドロキシボレート塩やトリアルコキシボレート塩といった4配位アート錯体型の有機ボレート塩は、安定で塩基の添加が不要な鈴木・宮浦反応が可能であることがわかってきました。有機ボロン酸エステルにブチルリチウムや水酸化リチウムを加えたアート錯体も扱いやすい試薬です。鈴木・宮浦反応においてアルカリ性にする必要のない4配位アート錯体型のホウ素試薬として、2008年に宮浦博士と筆者（山本）は、環状トリオールボレート塩を開発しました。これまで報告されたどのボレート塩よりも安定で、ボロン酸の形では使用が難しかった芳香族型やビニル型、アルキル型、アルキニル型などいろいろなタイプの化合物が使用できることを発見しました。

ボロン酸のホウ素周辺の修飾以外にも、ボロン酸の塩基による活性化が必要のないパラジウム触媒があることもわかってきました。陽性パラジウム触媒に対して、有機ボロン酸は塩基による反応性の向上をしなくてもトランスメタル化することがわかってきました。このように有機ボロン酸の修飾と活性なパラジウム触媒の開発により、鈴木・宮浦反応においてブレイクスルーとなった塩基の添加は、絶対ではなくなりました。

要点BOX

- ●環状トリオールボレート塩には、塩基不用
- ●陽性パラジウム触媒は、ボロン酸活性化不用

ボロン酸の活性化

鈴木・宮浦反応はボロン酸を塩基（OH^-）で活性化する必要がある

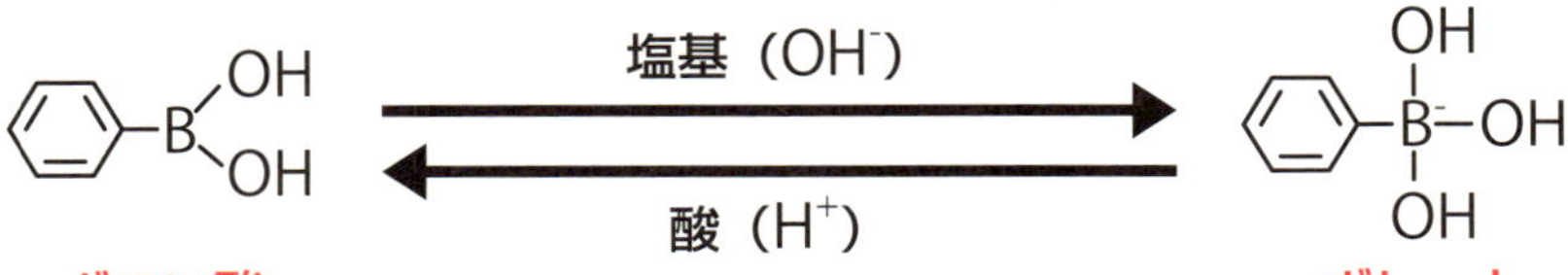

ボロン酸
（反応不活性）

ボレート
（反応活性）

環状トリオールボレート塩

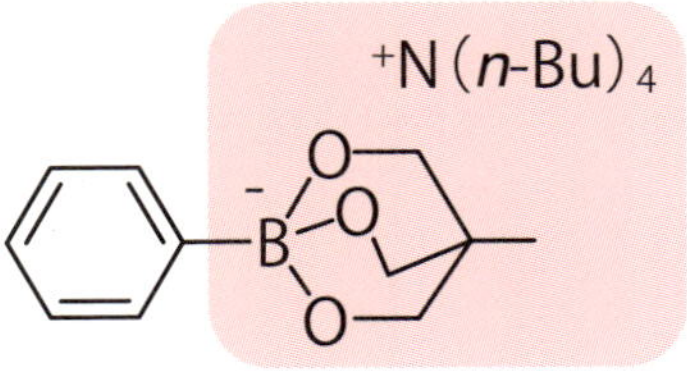

トリオールボレート
（4級アンモニウム塩）

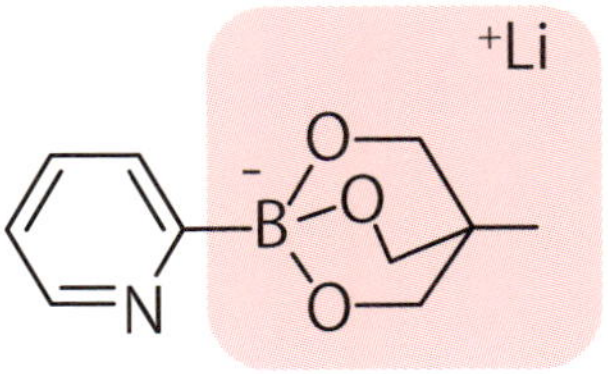

トリオールボレート
（リチウム塩）

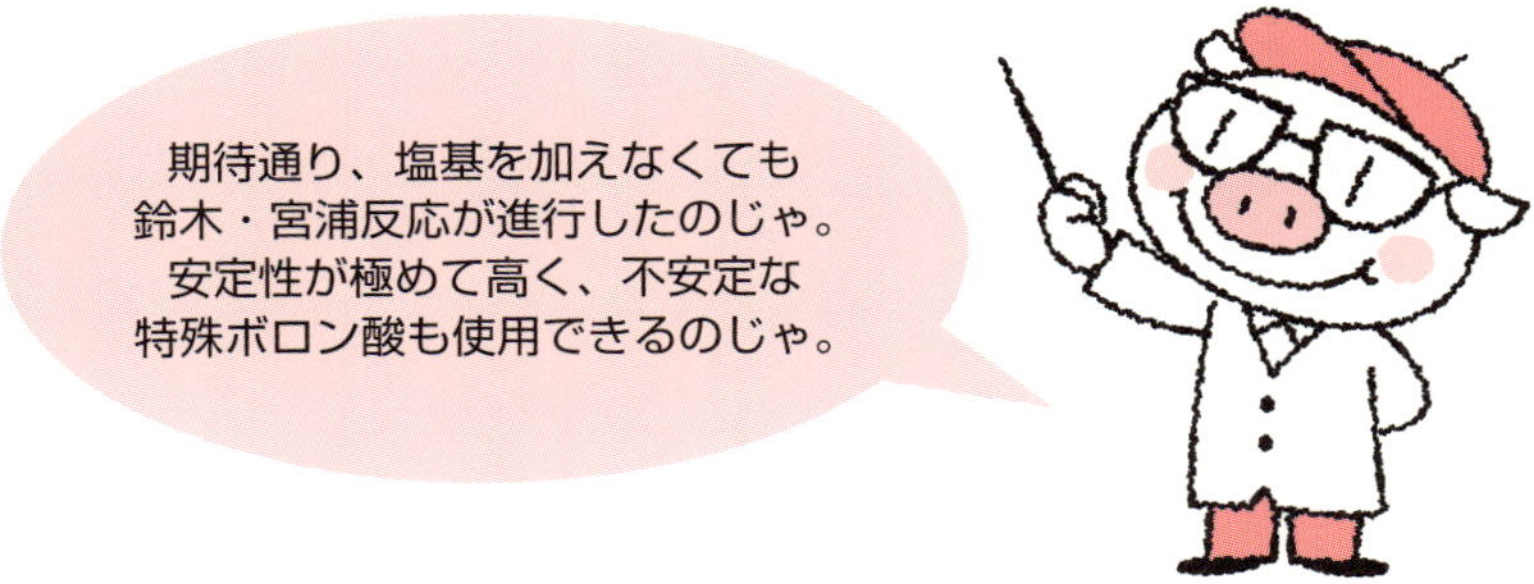

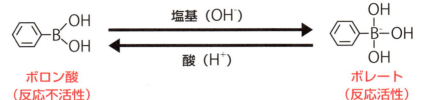

30 ヘテロ原子も反応

バックワルド・ハートウィグ反応

パラジウム触媒による芳香族ハロゲン化合物と窒素、酸素、硫黄などのヘテロ原子とのクロスカップリング反応が1994年、ハートウィグ博士（米エール大学）とバックワルド博士（米マサチューセッツ工科大学）により、ほぼ同時にそれぞれ独立して報告されました。炭素-炭素結合を作るために発展をしてきたクロスカップリング反応の手法を使った最も新しいこの反応は、アミン、エーテルあるいはチオエーテルといった化合物を芳香族ハロゲン化合物から直接合成する方法として、医農薬品から有機磁気・電子材料までいろいろな用途で現在もっとも使われている反応のひとつです。実は、この反応の発見の歴史にも日本人の研究が大きくかかわっています。

スズ試薬のクロスカップリング反応を研究していた群馬大学の右田博士、小杉博士のグループは一連の研究の中でパラジウム触媒を使うとジエチルアミノトリブチルスズ試薬により芳香族臭素化合物のアミノ化反応が進むことを1983年に日本化学会の英文速報誌に報告しました。この論文がヒントとなって、炭素-窒素カップリング反応が発見されたといわれています。ハートウィグ博士の論文中にも、この研究が先行例として引用されています。この炭素-ヘテロ原子カップリング反応は、これまでよりも嵩《かさ》高い配位子を使うことでうまく進行します。これは、有機ハロゲン化合物へのパラジウム触媒の酸化的付加によりできる有機パラジウムハロゲン錯体のハロゲンイオンとヘテロ原子陰イオンとが交換した後に、次のステップで有機基とヘテロ原子とが結合する還元的脱離を促進するためと考えられています。

この他にもハートウィグ博士とバックワルド博士は、ハロゲン化合物とエノラートと呼ばれる化合物との炭素をつなぐクロスカップリング反応も開発しています。このようにクロスカップリングは、まだまだ進化を続けています。

要点BOX

- ●炭素−ヘテロ原子結合もカップリングする
- ●ハロゲン化合物とエノラートもカップリング

クロスカップリング反応の発展

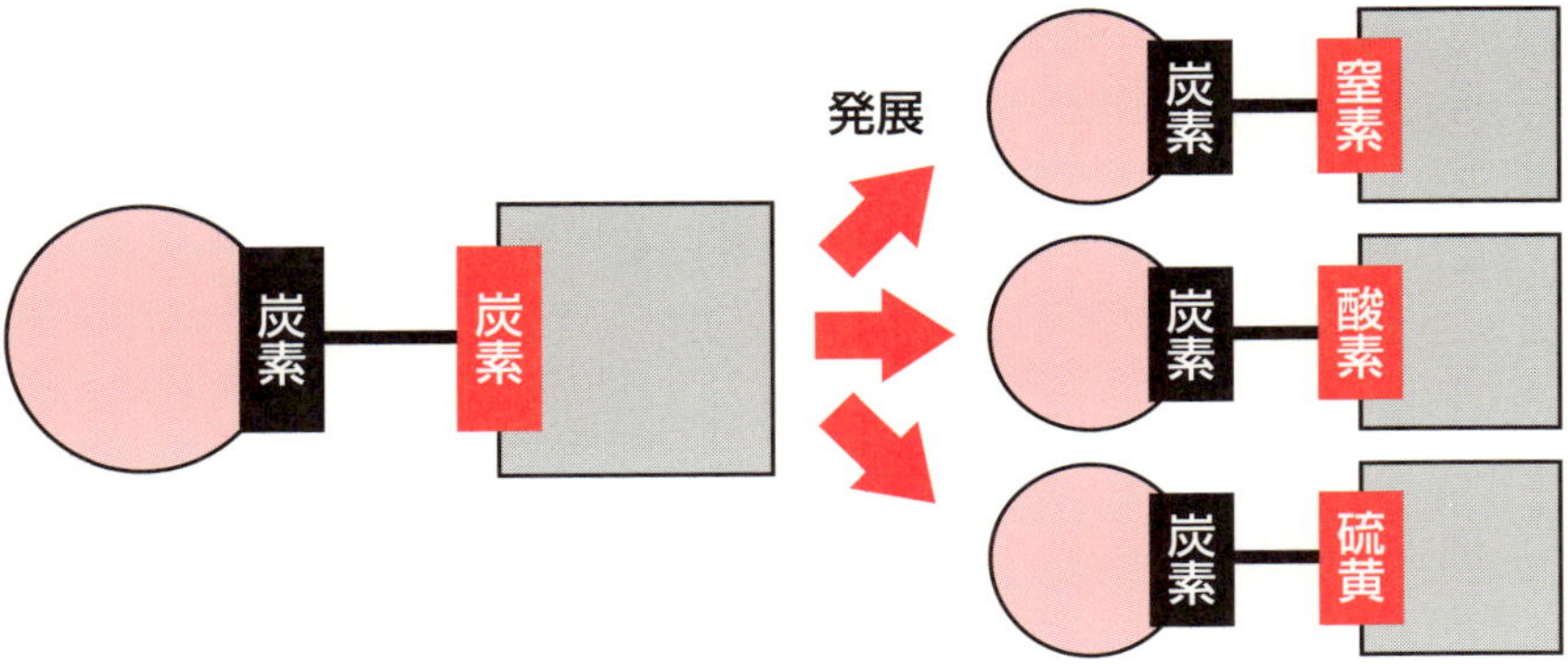
炭素
炭素
発展
炭素
窒素
炭素
酸素
炭素
硫黄

クロスカップリング反応は、
異種分子を炭素と炭素でつなぐ

炭素とヘテロ原子（窒素など）を
つなぐことも出来るようになった

バックワルド・ハートウィグ反応（1994年）

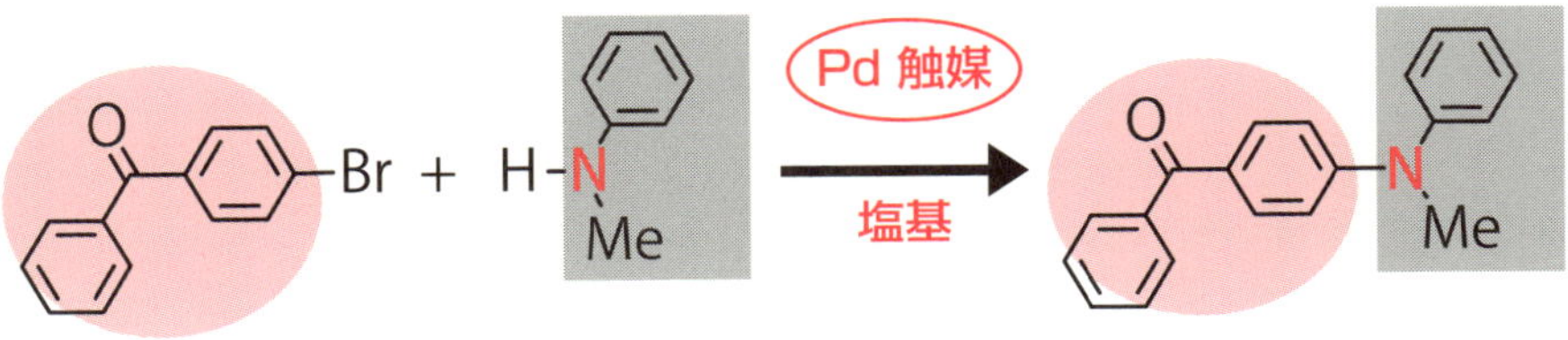
O
Br
+
H
N
Me
Pd 触媒
塩基
O
N
Me

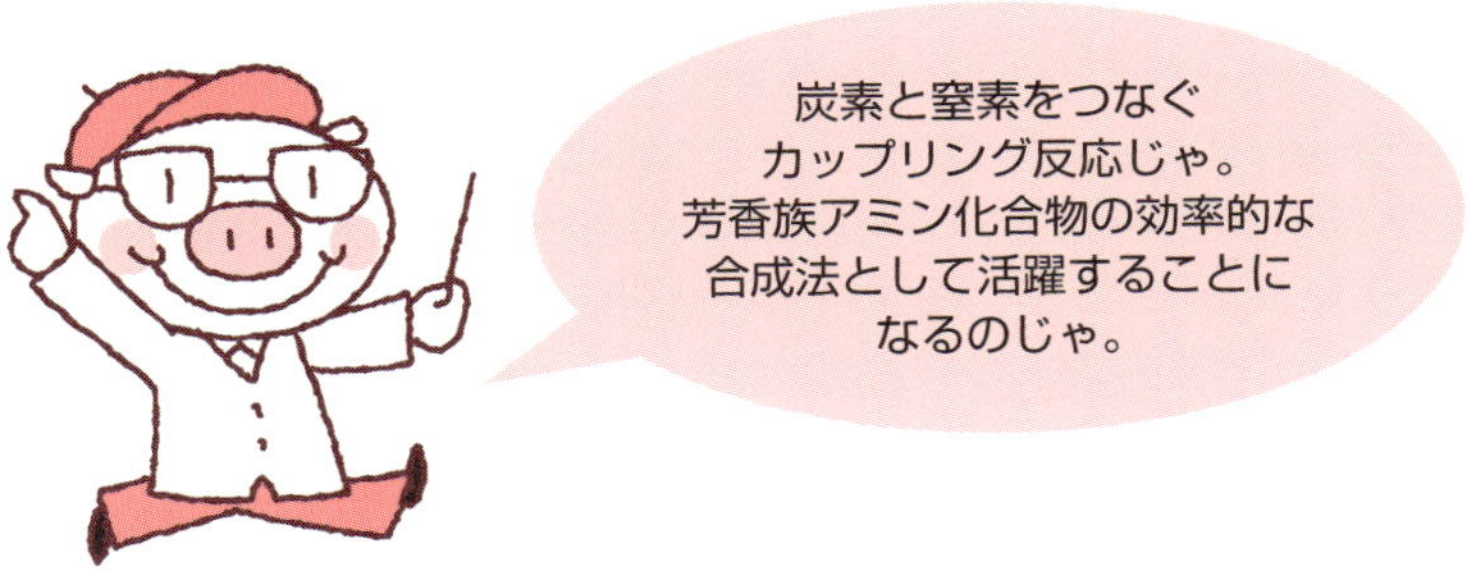
炭素と窒素をつなぐ
カップリング反応じゃ。
芳香族アミン化合物の効率的な
合成法として活躍することに
なるのじゃ。

31 ハロゲンはもういらない

擬ハロゲン化合物・アルコキシ基の利用

これまで紹介してきましたクロスカップリング反応は、ハロゲン化合物のハロゲンとグリニャール試薬、亜鉛試薬、スズ試薬の金属、あるいはホウ素試薬やケイ素試薬のホウ素やケイ素を目印にそれぞれが結合している炭素同士を触媒によりつなげる反応を指します。最近、目印にハロゲン原子を使わない反応が開発されています。

はじめは、擬ハロゲン化合物と呼ばれる、触媒に対してハロゲン-炭素結合と同程度の反応性を持ち合わせるジアゾニウム塩、トリフルオロメタンスルホナートなどと呼ばれる化合物がハロゲンと同じく目印になることがわかりました。これらは、天然に豊富に存在するアニリンやフェノールなどから簡単に合成できるため、頻繁に使われました。その後、ハロゲンの代わりとしては反応性に乏しくこれまで使われてこなかったメタンスルホニル基やトルエンスルホニル基、メトキシ基、アミド基、シアノ基、フッ素などがニッケル触媒によるクロスカップリング反応に利用できることが発見されました。これら化合物も、フェノールやアニリンが利用できるため原料が手に入り易く便利な反応です。この反応も１９７９年には既に、基本となる報告がされていますが、２００７年まで特に注目されることはありませんでした。２００７年に、大阪大学の鳶巣博士、茶谷博士は鈴木・宮浦反応にメトキシ基（アルコキシ基）が目印として使えることを報告しました。

その後、アニリンから合成できる芳香族アミドの炭素-窒素結合を目印に使う反応、さらに最近では、フェノールから誘導される芳香族エステル誘導体の炭素-酸素結合がニッケル触媒で切断され有機ホウ素化合物と共に鈴木・宮浦反応に利用されるようになっています。この脱エステル型鈴木・宮浦反応は、特に窒素などを分子中に含むヘテロ芳香族エステルのカップリングを得意としています。ハロゲン以外の目印の利用によりますます便利になりました。

要点BOX

- ●フェノールやアニリンは入手し易く使い易い
- ●炭素-酸素の切断はニッケル触媒が得意

ハロゲン化合物の代替

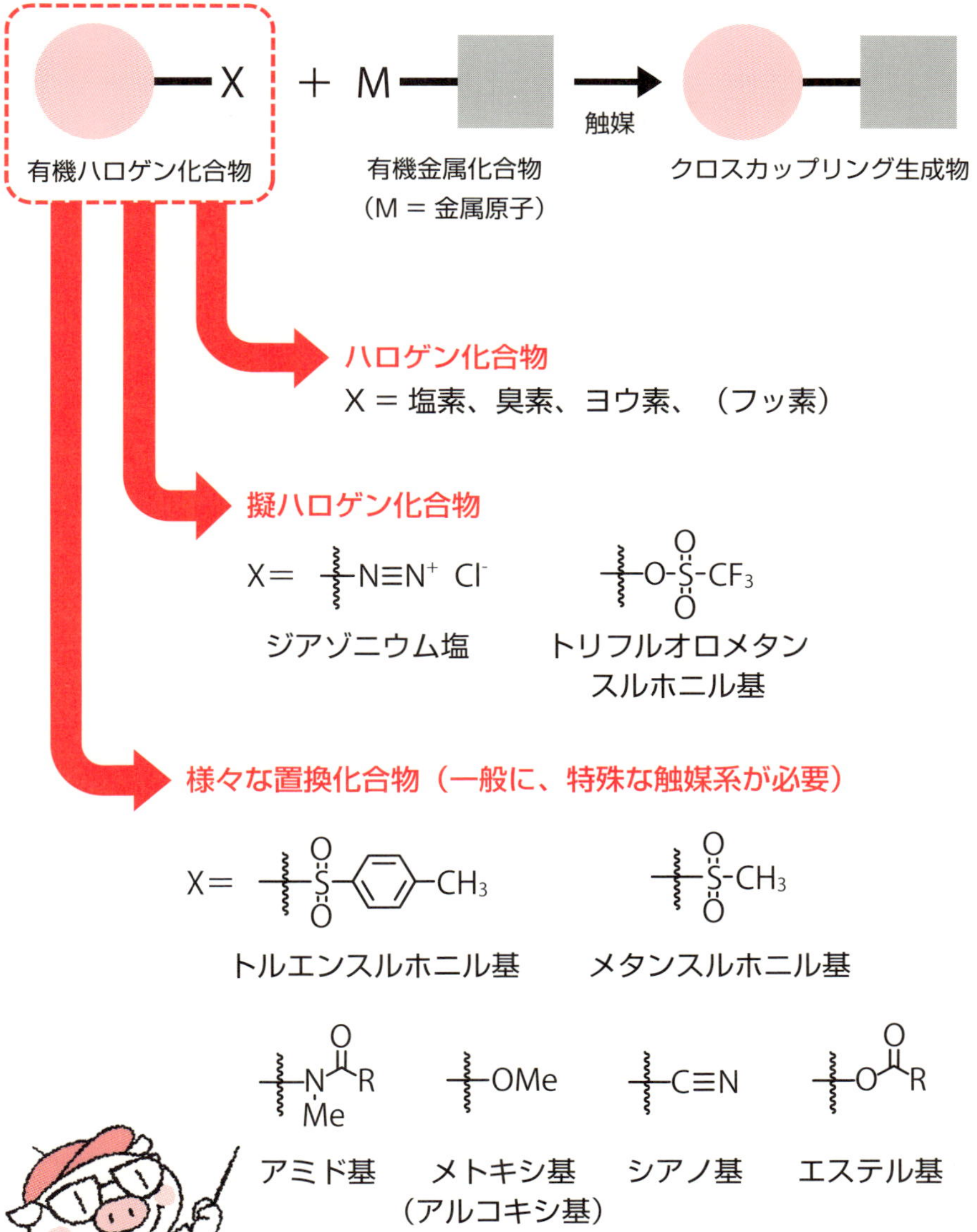
X
+ M
触媒
有機ハロゲン化合物
有機金属化合物
（M = 金属原子）
クロスカップリング生成物
ハロゲン化合物
X = 塩素、臭素、ヨウ素、（フッ素）
擬ハロゲン化合物
X= N≡N+ Cl-
O-S-CF3
ジアゾニウム塩
トリフルオロメタンスルホニル基
様々な置換化合物（一般に、特殊な触媒系が必要）
X=
CH3
トルエンスルホニル基
メタンスルホニル基
N Me R
OMe
C≡N
O R
アミド基
メトキシ基
（アルコキシ基）
シアノ基
エステル基

32 ハロゲンもホウ素も必要ない

C-Hクロスカップリング

有機化合物中豊富に存在する炭素-水素結合の結合エネルギーは大きく、炭素-水素結合を切って炭素-炭素結合を作ることはこれまで困難と思われていました。ところが遷移金属を使うと意外と簡単に炭素-水素結合が切れることがわかってきました。

1955年に、大阪大学の村橋博士がコバルト触媒によりベンゼンの炭素-水素結合が切断され一酸化炭素と反応することを報告しています。1976年に、同じく大阪大学の守谷博士と藤原博士は、スチレンとベンゼンがパラジウムと銅触媒により炭素-水素結合を切断しながら炭素同士が結合することを報告しました。しかし、複雑な化合物には利用できなかったため有機合成にはあまり使われませんでした。それからしばらくして、1993年に、大阪大学の村井博士は、ルテニウム触媒により、芳香族ケトンとアルケンの特定の炭素同士が結合することを報告しました。この反応をきっかけに酸素や窒素を足掛かりとして狙った炭素-水素結合のみを切断しながら炭素と炭素をつなぐ反応が発展しました。

2004年頃から、パラジウム触媒を利用する反応が数多く報告されています。パラジウム触媒によりアルキル基の炭素-水素結合が切断されヨードベンゼンと結合する反応が報告されました。前項の脱エステル型鈴木・宮浦反応のホウ素化合物の代わりに切断されやすい炭素-水素結合を含むアゾールを利用するカップリング反応が報告されました。2007年にファニュー博士（カナダ・オタワ大学）は、インドールとベンゼンの炭素-水素結合が切断され炭素と炭素がつながるクロスカップリング反応を報告しました。まだまだ、これまでのクロスカップリング反応の様に、狙った炭素同士を結合するに少し仕掛けが必要ですが、現在も盛んに研究されニッケルや銅、鉄といった触媒を使用する反応が報告されています。進歩が著しく実際の有機合成に応用される日も近いように思われます。

要点BOX

- ●遷移金属は、炭素-水素結合を切断できる
- ●仕掛けがあれば狙った炭素同士を結合できる

C-Hクロスカップリング

原料の一方、又は両方の炭素-水素結合を切断し、
新たな炭素-炭素結合を形成するクロスカップリング反応

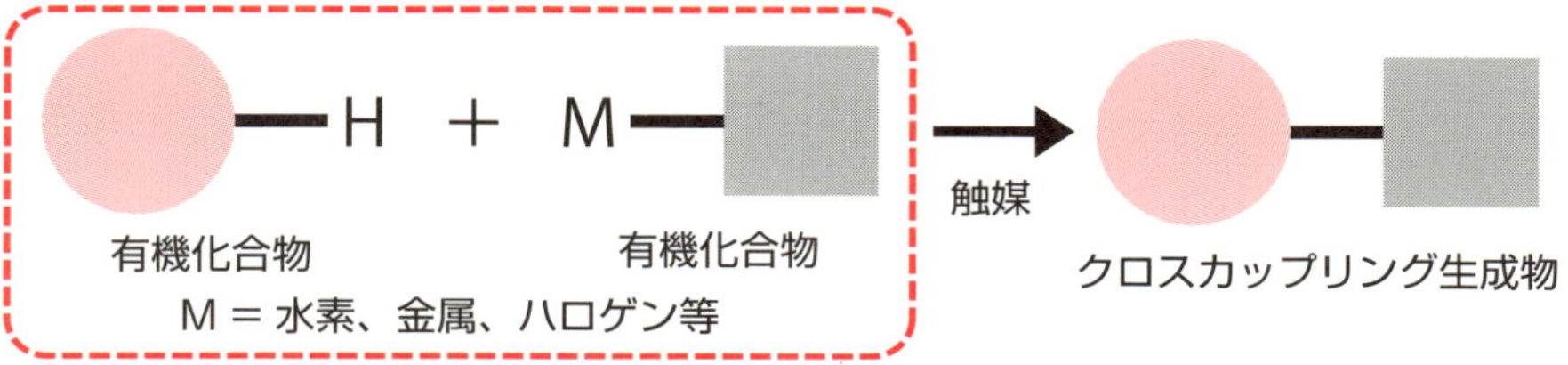

芳香族ケトンとアルケンの反応（1993年）

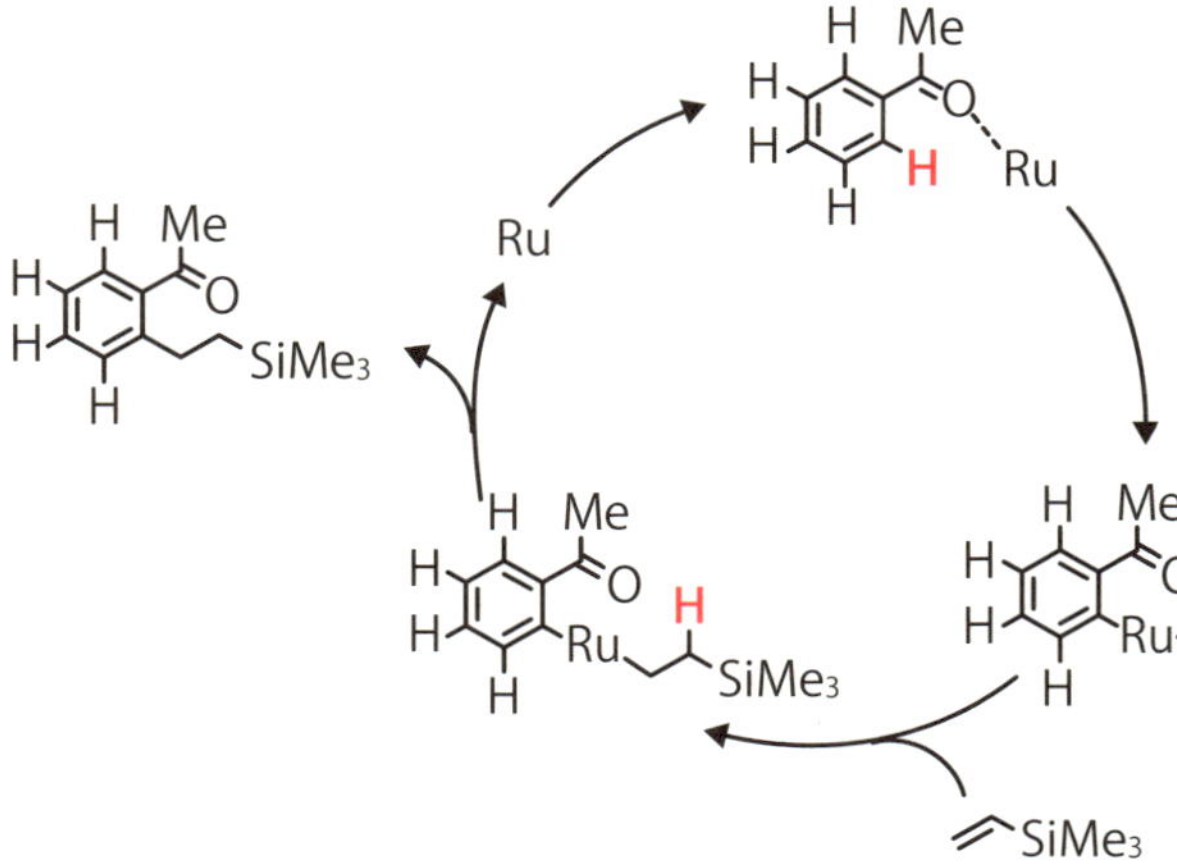

カルボニル基とルテニウム
の相互作用を利用する。
近傍のオルト位水素が
選択的に反応点になる。

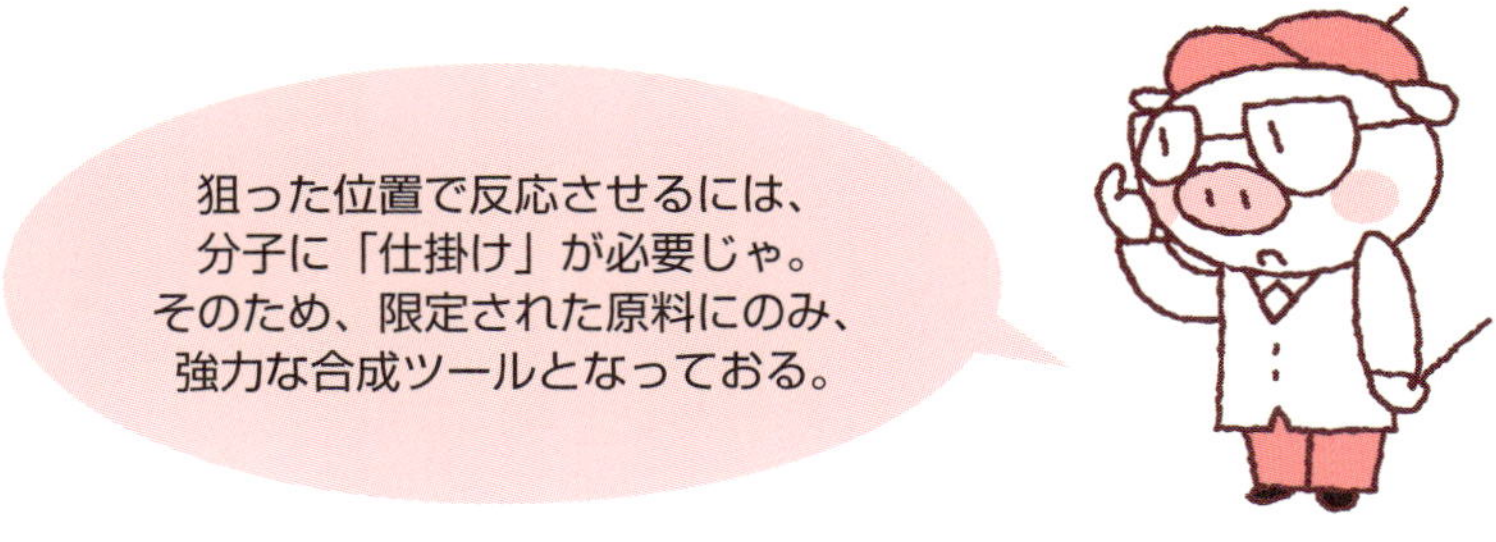

33 貴金属はもったいない

クロスカップリング反応に使われるパラジウムは、地殻中の存在量が非常に少なく希少な貴金属です。最近、クロスカップリング反応によく使われるようになったニッケルは、パラジウムに比べ13万倍も多く存在し、鉄はもっと豊富でパラジウムの約7千万倍近く存在しています。

医薬品は、その中に含まれる金属の許容濃度が決められており、ニッケルがパラジウムの3倍、鉄は１３０倍含まれていても許されます。この厳しい許容濃度のためパラジウムは、許容濃度以下になるまで医薬品から取り除かれなければなりません。その点ニッケルは、許容濃度が緩いうえに除去が容易であるので工業生産に有利です。鉄が触媒としてクロスカップリングに使えるようになると安くて安全性も高く魅力的な反応になります。実は、鉄触媒は古くから使われていました。熊田・玉尾・コリュー反応が発見される１年前（１９７１年）に米インディアナ大学の高知博士はグリニャール試薬とハロゲン化合物が鉄触媒によりカップリングすることをすでに報告していました。しかし、その後パラジウムを中心に反応の開発が進み鉄触媒は、使える反応に制限が多かったことから30年近く研究されませんでした。

しかし、安くて毒性が低く、従来のクロスカップリング反応が苦手としていたアルキルハロゲン化合物とのカップリング反応がうまく進むため２０００年になると再び脚光を浴びます。これはすぐに塩化ビニルと芳香族グリニャール試薬によるスチレン類の製造として工業化されました。さらに研究が進み、ホモカップリングの副生が問題であった非対称ビアリールの合成もフッ化鉄触媒の開発により可能になりました。２０１０年にホウ素化合物が使用できるようになり用途が拡大しました。こうした研究成果は、京都大学（中村博士）らの研究グループにより、成し遂げられました。

要点BOX

- ●鉄触媒クロスカップリングは古くて新しい
- ●鉄は安く毒性が少なく医薬品中の規制も緩い

触媒に使われる金属

金属種	地中存在量（ppm）	価格（円／kg）	医療品許容濃度（ppm）
パラジウム	0.0006	3,000	10
ニッケル	80	1,000	30
鉄	41,000	80	1,300

工業生産の観点から、
鉄は安価で魅力ある触媒じゃ。
近年、鉄触媒の研究開発が
活発化しておる。

鉄触媒の工業利用例

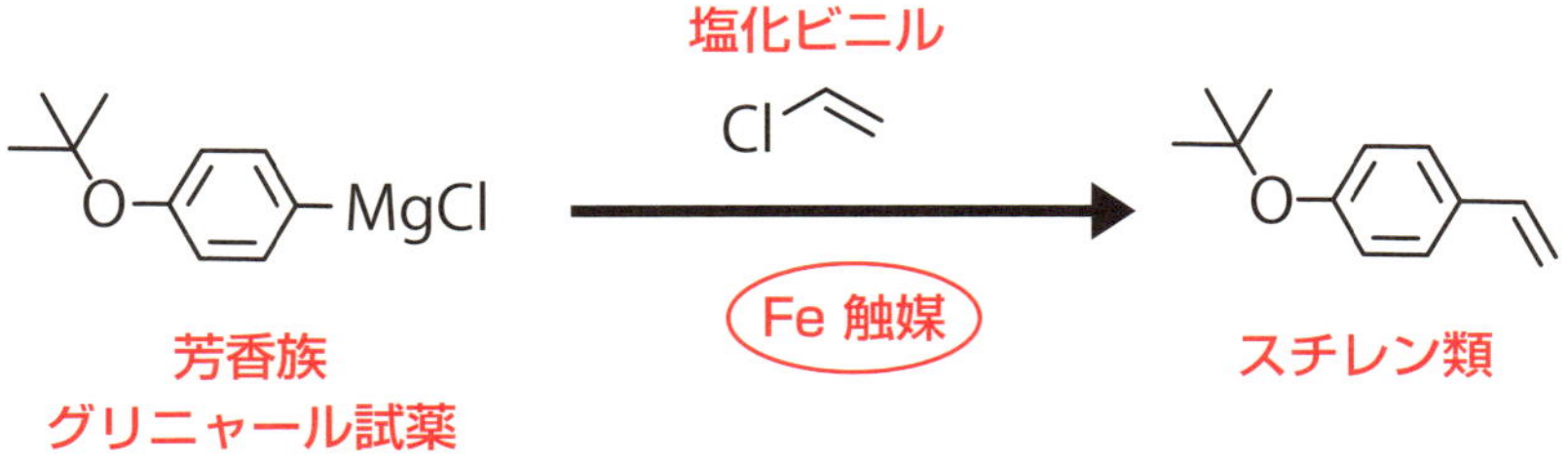

アルキルハロゲン化合物の場合、
パラジウムよりもニッケルや
鉄触媒の方が優れているんだ。

Column

役立つ触媒反応

触媒は、反応前後で変化せず消費されず反応に必要なエネルギー(活性化エネルギー)を下げる働きがあります。また、特定の物質のみを反応させる働きもあります。生体内で働くデンプンを分解するアミラーゼ、タンパク質を分解するペプシン、脂質のエステル結合を分解するリパーゼなどの酵素も触媒です。

アンモニア合成のハーバー・ボッシュ鉄触媒、エチレンやプロピレンを作るツィグラー・ナッタ重合触媒、原油からナフサ、ガソリン、灯油などを精製する改質触媒、環境負荷低減のための硫黄成分を除去する脱硫触媒(硫化モリブデン触媒)、自動車の排ガスの浄化に使われる三元触媒、工場の排煙中の窒素酸化物を除く複合酸化物触媒、汚れを落としたり、消臭、殺菌したりする光触媒、魚焼き器や石油ストーブの臭いを取り除く触媒など身の回りには様々な触媒が使われています。

有機合成にも、クロスカップリングをはじめ水素化反応、オレフィンメタセシス反応、ワッカー酸化(パラジウム・銅触媒)、モンサント酢酸合成(ロジウム触媒)、炭素ー水素活性化触媒、アルドール反応(有機触媒)など多くの反応に触媒が使用され、選択的で効率的な反応が行われています。

反応名	主に使われる触媒
エポキシ化反応	チタン、マンガン
ワッカー酸化反応	パラジウム、銅
辻・トロスト反応	パラジウム
水素化反応	ロジウム、ルテニウム
ヒドロホウ素化反応	ロジウム
ヒドロシリル化反応	ロジウム
ヒドロホルミル化反応	コバルト、ロジウム
ポーソン・カーン反応	コバルト、ロジウム
モンサント酢酸合成反応	ロジウム
[2+2+2]付加環化	コバルト、ロジウム
アルドール反応	ルイス酸触媒、有機触媒
クロスカップリング反応	ニッケル、パラジウム
有機金属試薬の付加反応	ロジウム、ルテニウム
溝呂木・ヘック反応	パラジウム
不飽和結合のビスメタル化反応	白金、パラジウム
ヒドロシアノ化反応	チタン、ニッケル、ルテニウム
オレフィンメタセシス反応	ルテニウム、モリブデン
カルベンの付加反応	ロジウム、コバルト
炭素ーホウ素結合形成反応	パラジウム、イリジウム、銅
オレフィンの異性化反応	パラジウム、イリジウム、ロジウム
グリコシド化反応	ジルコニウム、ハフニウム
エチレン重合反応	ジルコニウム、チタン

第5章

暮らしを支える
クロスカップリング反応

34 毎日の暮らしを豊かにする反応

電子機器類の普及に大きく貢献

クロスカップリング反応の利用により、高機能な材料合成が可能となりました。この章では、クロスカップリング反応が、私たちの暮らしの中でどのように役立っているかについて解説します。

クロスカップリング反応が最も役立った例としては、液晶ディスプレイが挙げられます。液晶ディスプレイは、バックライトと呼ばれる光源と光シャッター機能を有する液晶材料が主な構成材料となっています。クロスカップリング反応の利用により、高性能な液晶材料が開発されたおかげで、液晶ディスプレイが広く普及するようになりました。

最近、ポスト液晶ディスプレイとして、有機ELディスプレイが注目されています。有機ELディスプレイは、バックライト光源を必要としない自発光型ディスプレイのため、紙のように薄いディスプレイが実現できました。有機ELディスプレイに使用される発光材料、電荷輸送材料もクロスカップリング反応で合成されています。

パソコン、携帯電話、自動車、航空機のような電子機器を制御するためには、半導体製品（集積回路）が必要となります。現在の半導体製品は、シリコンウェーハを加工して製造されていますが、この製造工程でもクロスカップリング反応で合成されたレジスト材料が使われています。

フレキシブルなディスプレイの実現を目指して、有機トランジスタの研究開発が活発化しています。従来、有機トランジスタに使用される有機半導体材料は、シリコン半導体に比較して、電荷移動度が低い課題がありました。最近では、クロスカップリング反応の活用により、高い電荷移動度を有する半導体材料が創出され、注目を集めています。

このように、クロスカップリング反応は、私たちの暮らしを支える電子機器類の普及に大きく貢献しています。

要点BOX

- ●液晶材料はクロスカップリングの代表製品
- ●有機EL材料もクロスカップリングで合成
- ●半導体製品（集積回路）の製造にも貢献

暮らしを支えるクロスカップリング反応

液晶ディスプレイ
液晶材料

有機ELディスプレイ
有機EL材料

クロスカップリング反応

半導体製品
レジスト材料

有機トランジスタ
有機トランジスタ材料

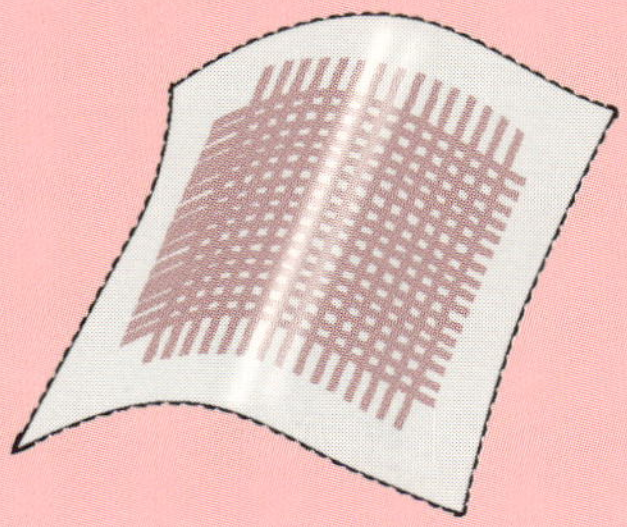

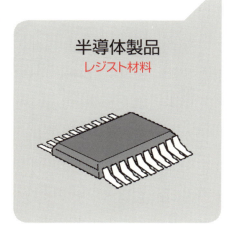

35 ノーベル賞ニュースも液晶ディスプレイから

液晶ディスプレイの原理

２０１０年10月6日、スウェーデン王立科学アカデミーは、クロスカップリング反応の開発に貢献した研究者にノーベル化学賞を授与すると発表しました。日本中の人々は、テレビやパソコンを通じて、日本人研究者（鈴木章博士、根岸英一博士）の快挙を知りました。

クロスカップリング反応の代表製品としては、液晶材料が有名ですが、２０１０年はちょうど、液晶テレビがブラウン管テレビの普及率を上回った記念の年でもありました。

液晶ディスプレイの原理について説明します。液晶ディスプレイは、光源にバックライト（蛍光管、ＬＥＤ）が使用されています。液晶パネルは、透明電極やカラーフィルタが装着された2枚のガラス基板の間に、光シャッター機能を有する液晶材料が封入された構造となっています。

現在主流の液晶ディスプレイは、各画素を薄膜トランジスタ（ＴＦＴ）で駆動させるアクティブマトリックス方式（ＡＭ－ＬＣＤ）が採用されています。ＴＦＴ画素ごとの液晶分子に電圧をかけることで、液晶分子の配向性を制御し、光シャッター機能（バックライト光量の調整）を発現させています。

ＴＦＴ液晶ディスプレイは、更に駆動方式（液晶配列方式）によって、3種類の表示モードに大別されます。ＴＮモードは、液晶分子のねじれ配向で光シャッター機能を発現させる方式であり、中小型パネル（パソコン、携帯電話）に採用されています。

大型液晶テレビや先端スマートフォンなどの用途では、更に高性能なパネル性能が求められるようになり、ＶＡモード、ＩＰＳモードという新たな方式が開発されました。ＶＡモードは高速応答性に優れ、ＩＰＳモードは広視野角性に優れる特長を有しており、大型テレビなどで採用されています。両モードの技術に関しては、次の項で詳しく説明します。

要点BOX

- ●ノーベル賞の年に液晶ディスプレイが普及
- ●液晶材料により光シャッター機能が発現
- ●液晶ディスプレイには3種類の表示モード

液晶パネルの原理

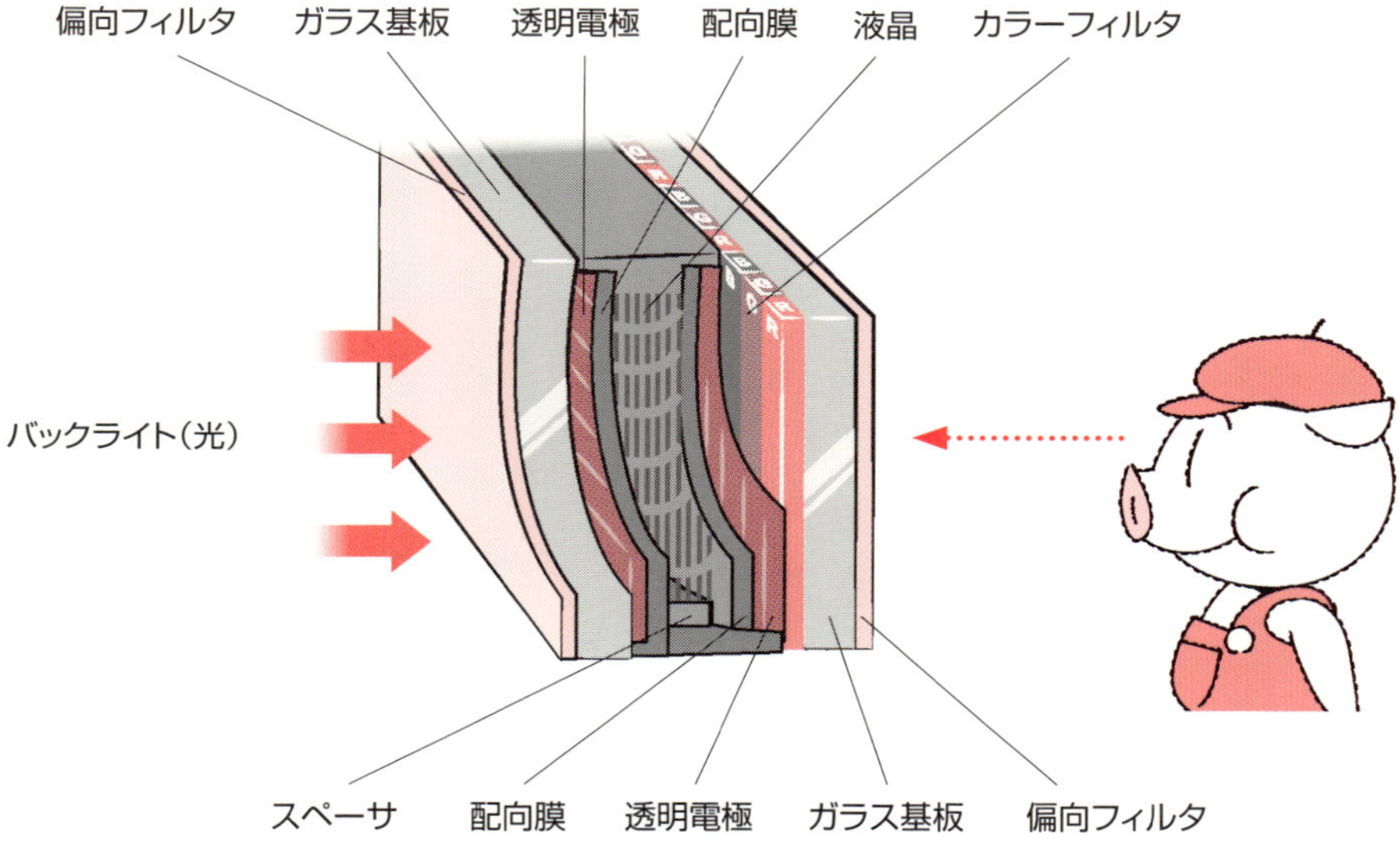

液晶素子にカラーフィルタをつけて、赤（R）、緑（G）、青（B）の「光の三原色」をあらわす。3 個 1 組で 1 つのドットとなる

液晶ディスプレイの表示モード

表示モード	特長・用途
TN モード （Twisted Nematic）	・低駆動電圧、低コスト ・中小型パネル（携帯電話、パソコン）
VA モード （Virtcal Alignment）	・高応答速度、高コントラスト ・大型パネル（パソコン、TV）
IPS モード （In-Place Switching）	・広視野角、高輝度（明るい） ・大型パネル（TV、医療モニタ）、スマートフォン

36 液晶にもかかせない反応

液晶材料の種類と役割

通常の物質は、固体、液体、気体の三状態を取ります。1888年、オーストリアの植物学者F・ライニッツァーは、固体と液体の中間の相を持つ化合物が存在することを見出しました。この中間相は、液体状態で見られる流動性と固体状態で見られる光学異方性を併せ持つことから、液体結晶、略して液晶と呼ばれるようになりました。

1964年、米国RCA社のハイルマイヤーらは、液晶分子の流動性と異方性（光学異方性、誘電率異方性）を利用した液晶ディスプレイの原理を提案しました。

現在の液晶ディスプレイは、透明電極付のガラス基板の間に、液晶分子が封入されています。TFT画素ごとに、電圧をON—OFFすることにより、液晶分子の配向性を制御し、光シャッター機能（バックライト光量の調整）を発現させています。液晶分子は、その配向によって光学異方性も変化することから、偏光フィルタを通過する光量を制御することが可能になります。

液晶ディスプレイには、ネマティック液晶と呼ばれる棒状液晶材料が使用されています。このネマティック液晶は、そのほとんどが、クロスカップリング反応により合成されています。

大型液晶テレビなど高画質なディスプレイには、VAモードとIPSモードと呼ばれる新しい方式が採用されています。この両方式では、電圧制御による液晶分子の配向のさせ方に違いがあるため、誘電率異方性の異なる液晶材料が使用されています。

例えば、VAモードでは、電場印加時に液晶分子を横向きに配向させるため、誘電率異方性（$\Delta\varepsilon$）が負の値を示すVA用液晶材料（$\Delta\varepsilon<0$）が用いられます。IPSモードでは、液晶分子の縦向き配向を利用するため、誘電率異方性が正の値を示すIPS用液晶材料（$\Delta\varepsilon>0$）が用いられます。

要点BOX

- ●ディスプレイはネマティック液晶を使用
- ●VA用液晶材料の誘電率異方性は負の値
- ●IPS用液晶材料の誘電率異方性は正の値

液晶材料への利用例

クロスカップリング反応

IPS用液晶材料

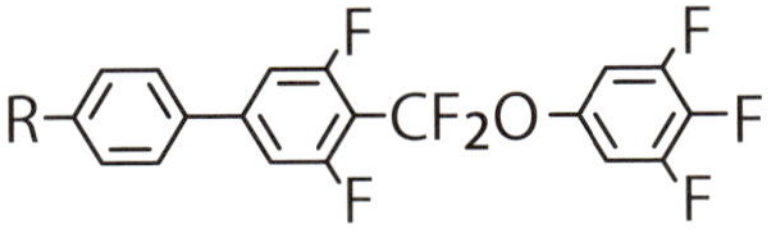

(JNC)

VA用液晶材料

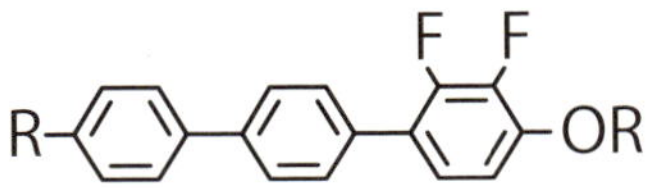

(メルク)

Δε（誘電率異方性値）とは

$\Delta\varepsilon = \varepsilon_{\parallel}$（分子長軸成分の誘電率）- $\varepsilon_{\perp}$（分子短軸成分の誘電率）
誘電率（ε）＝ 電荷の偏りやすさを示すパラメータ

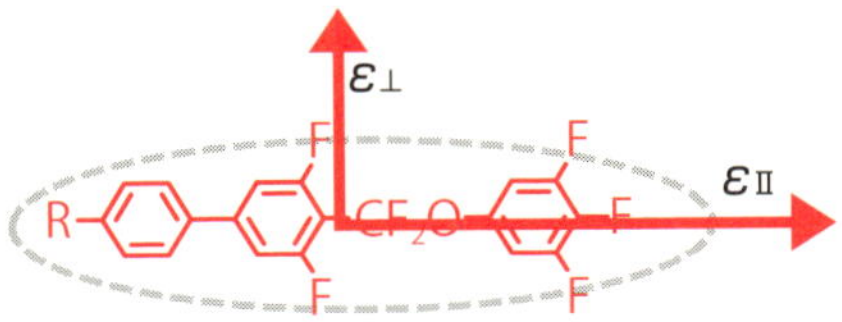

IPS用液晶材料
$\Delta\varepsilon > 0$

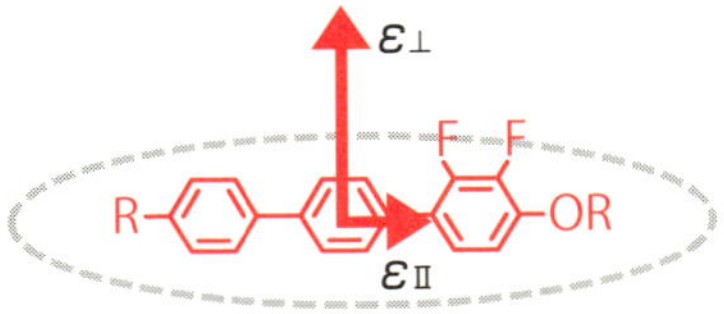

VA用液晶材料
$\Delta\varepsilon < 0$

VAパネル

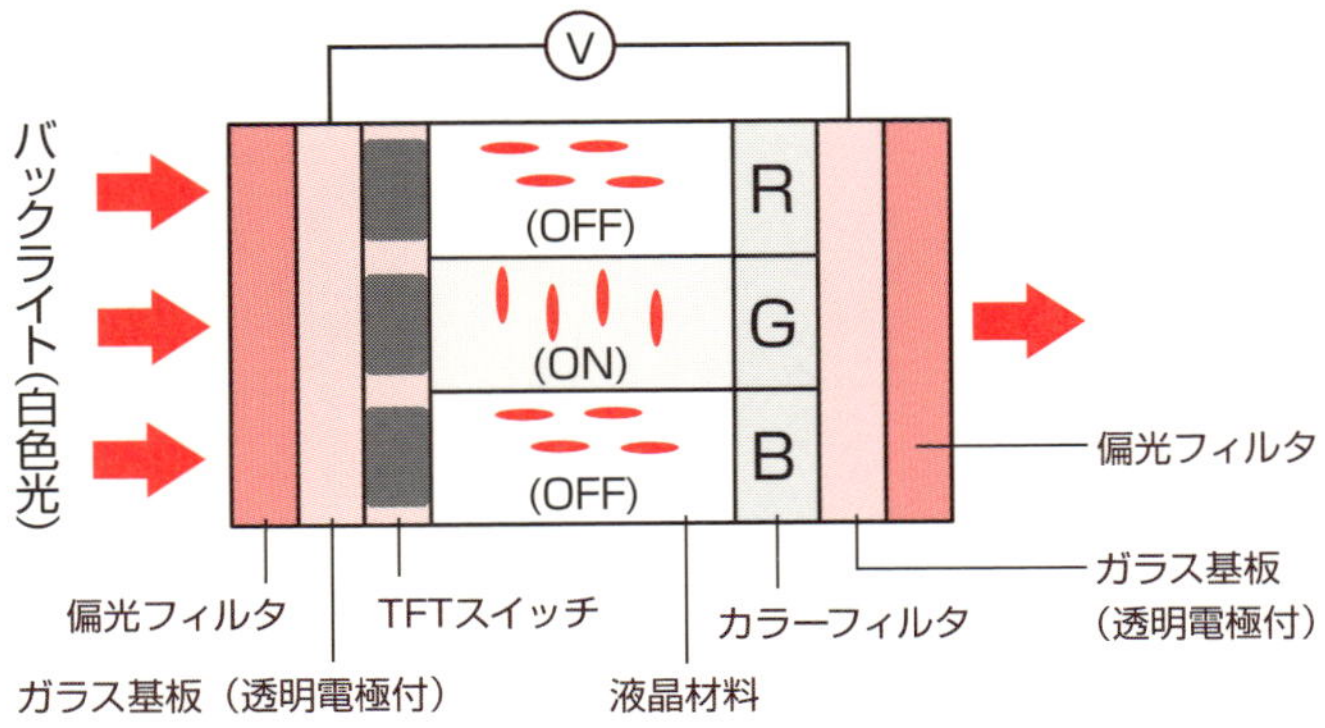

37 液晶材料の合成法

ボロン酸原料のメリット

液晶材料の合成には、鈴木・宮浦カップリング反応が多用されています。

鈴木・宮浦カップリング反応は、比較的温和な条件下、高収率で反応が進行します。また、他の有機金属化合物と比較して、ボロン酸原料は毒性が低く、安定性が高い利点があります。このため、反応に禁水条件などが必要でないメリットがあります。

液晶材料は、高純度の製品を大量製造することが求められますが、鈴木・宮浦カップリング反応の利用により、工業化が容易になりました。

VA用液晶材料は、ドイツのメルクが大量製造し、供給しています。その製造は、ハロゲン原料（Ⓐ）とボロン酸原料（Ⓑ）を用いて鈴木・宮浦カップリング反応で合成されます。VA用液晶材料は、誘電率異方性が負の値を示す材料であり、一般には2,3-ジフルオロフェニル構造を有するのが特長となっています。

IPS用液晶材料は、誘電率異方性が正の値を示す材料が使用されます。最近では、ジフルオロメチレンオキシ（CF_2O）基を有する液晶材料が注目されています。本材料は、非常に大きな誘電率異方性値（Δε）を有するため、液晶パネルの低電圧駆動に有効とされています。

IPS用液晶材料は、JNCが大量製造し、供給しています。IPS用液晶材料も鈴木・宮浦カップリング反応で合成されています。まず、ハロゲン原料（Ⓒ）とボロン酸原料（Ⓓ）をカップリングさせて、中間体（Ⓔ）に誘導した後、多段階反応を経て最終製品（IPS用液晶材料）が合成されます。

現在では、液晶パネルの性能要求にあわせるために、多数の液晶材料が混合して使用されています。工業生産される種類も非常に多くなっていますが、ボロン酸原料は安定性に優れるため、各種液晶材料の共通原料として貯蔵保存しておくことが可能であり、この点も大きなメリットとなっています。

要点BOX

- 液晶材料の合成には鈴木・宮浦カップリング反応が多用される
- ボロン酸原料の安定性が工業化に有利

VA用液晶材料（鈴木・宮浦カップリング反応）

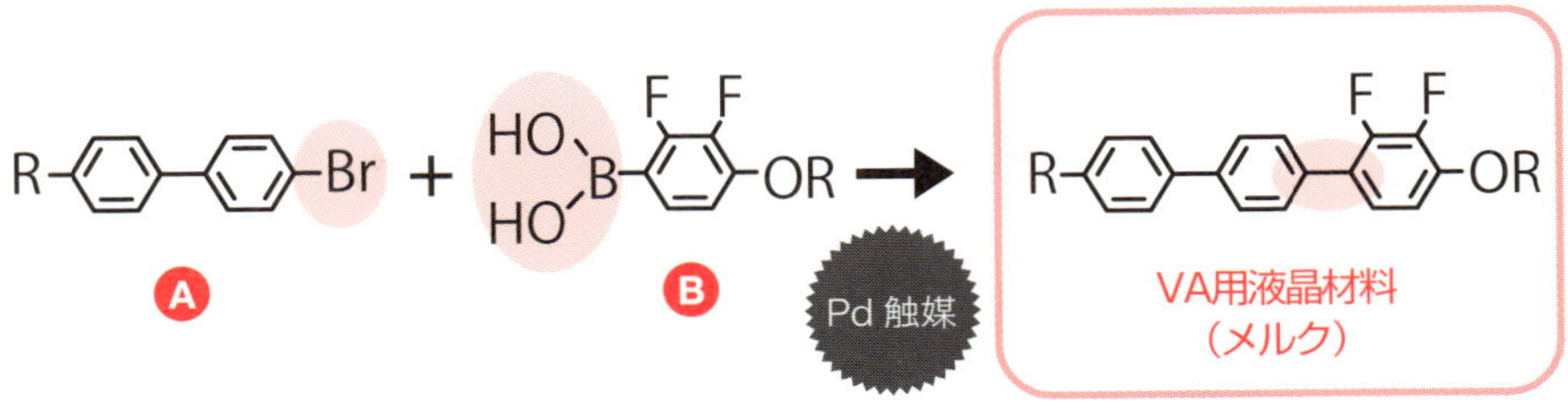

IPS用液晶材料（鈴木・宮浦カップリング反応）

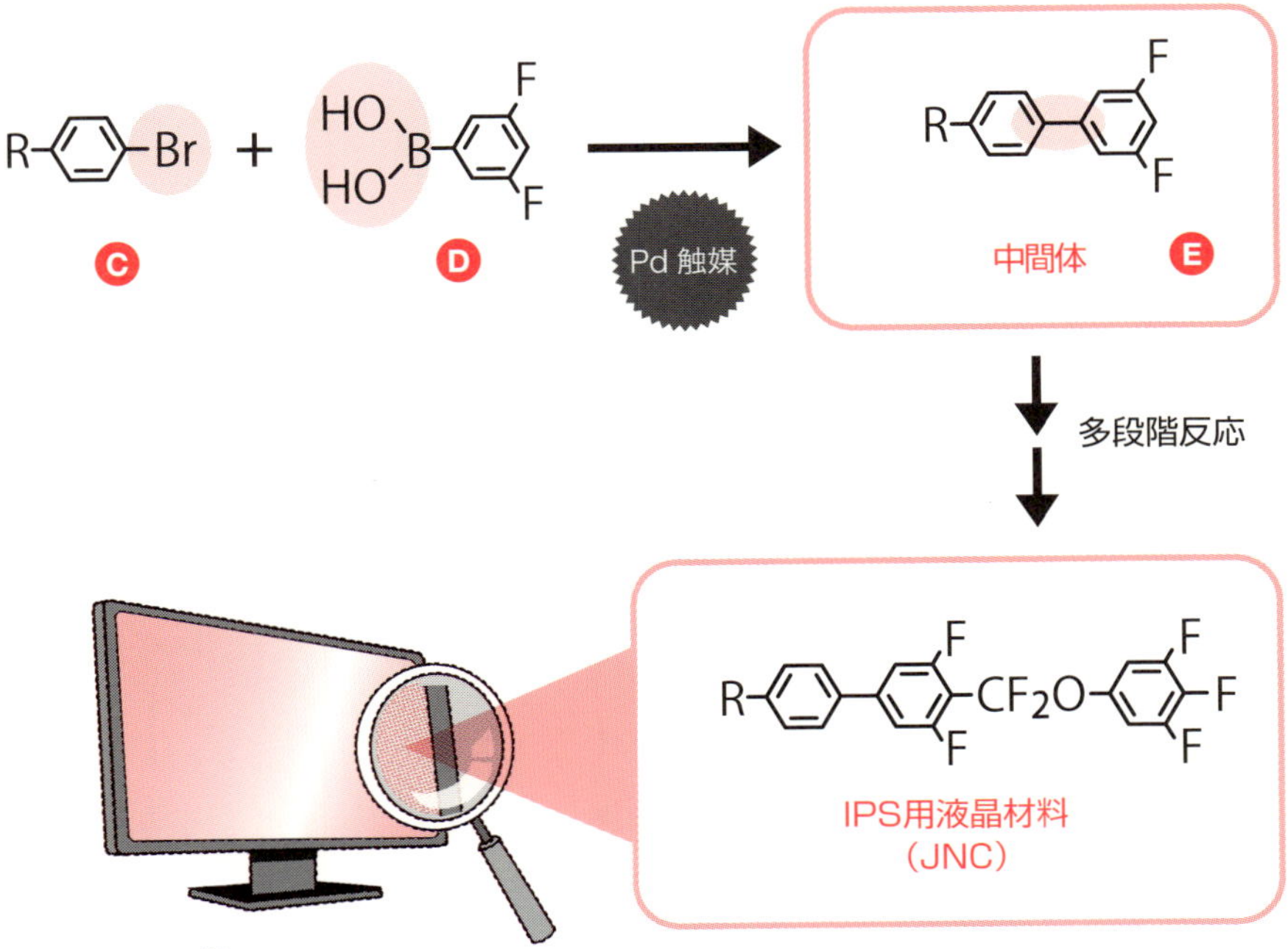

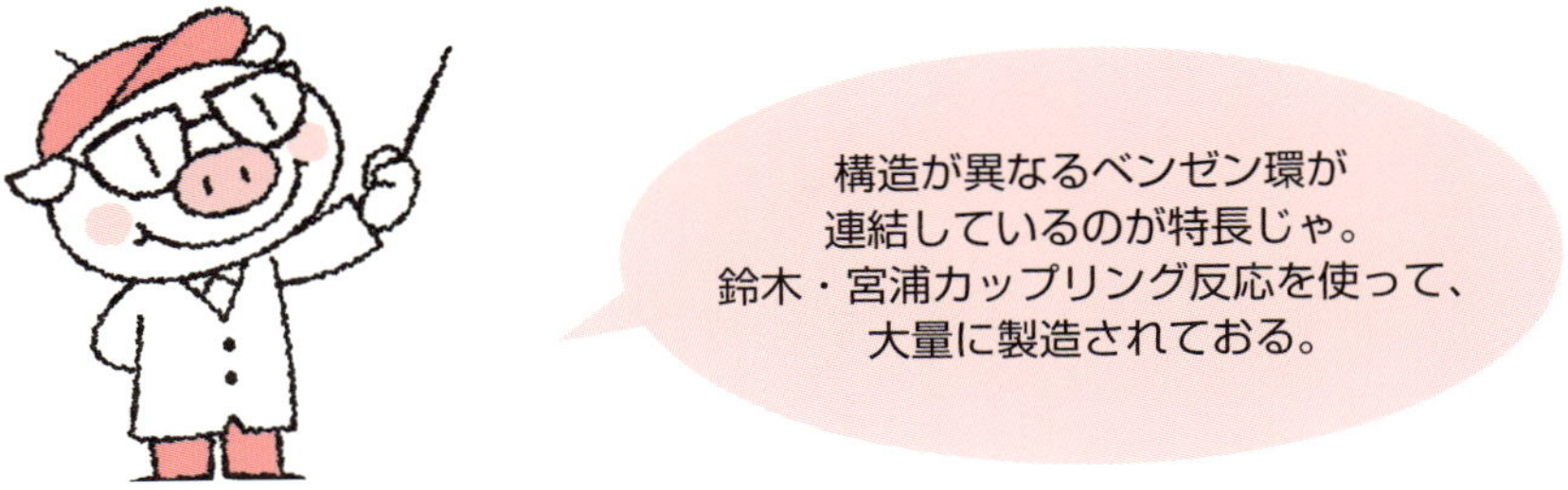

38 紙のように薄い有機ELディスプレイ

有機ELディスプレイの原理

最近、スマートフォン用途を中心に、有機ELディスプレイの市場が急拡大しています。

有機EL（エレクトロルミネッセンス）とは、有機材料を用いて、電気エネルギーを光エネルギーに変換させる発光現象のことです。1987年に米イーストマンコダック社のチン・ワン・タン博士が、性質の異なる2種類の有機材料を薄膜積層させることにより、わずか10V程度の印加電圧で1000cd/m^2もの発光強度が得られることを見出し、発表しました。

その後、九州大学の研究者（安達博士、時任博士、筒井博士、斉藤博士）らが、電子輸送層、発光層、正孔輸送層の3層構造を提案しました。更に発光層の材料を変えることにより、3色発光にも成功し、現在の有機ELパネルの基本構造を確立させました。

有機ELパネルの特長をまとめます。有機ELパネルは自発光型のため、カラーフィルタやバックライトといった部材が不要です。有機材料を薄膜積層させた有機EL素子部分の厚さは、わずかに数百nmであり、これは普通紙の1000分の1程度の薄さです。このため、パネルの薄型化、省電力が実現できました。プラスチックフィルム基板を用いることにより、フレキシブル化も可能になります。

こうした特長を生かして、有機ELパネルは、スマートフォン、モバイル機器等への利用が拡大しています。スマートフォン用途では、2018年には、有機ELパネルが液晶パネルの出荷額を上回ると予想されています（2018年有機ELパネル出荷額は、1兆9500億円まで拡大と予想）。

最近では、有機ELパネルの照明用途への利用も始まりました。有機ELパネルは、面発光のため、室内空間を均一に照らすことができます。更に、フレキシブルな形状を生かしたデザイン照明の開発も活発化しています。

要点BOX

- ●有機ELとは有機薄膜を用いて電気エネルギーを光エネルギーに変換させる発光現象
- ●有機ELパネルは薄型化・省電力が特長

有機ELパネルの原理

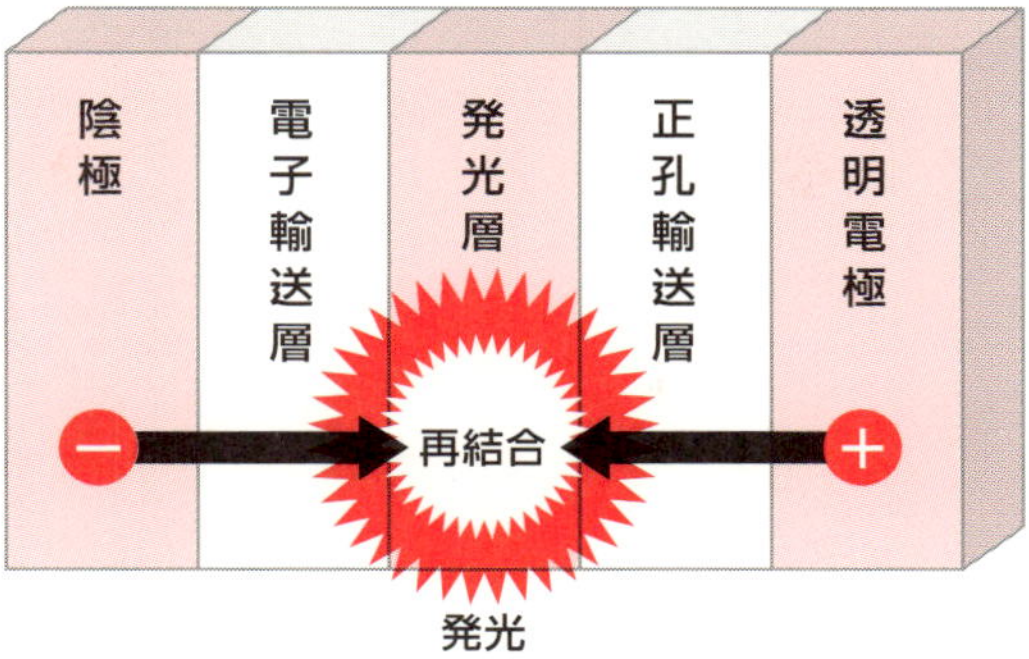

有機ELパネルの特長

1. 自発光型パネル　（バックライトが不要）
2. 薄型・軽量・省電力
3. 高画質（高輝度、高速応答）
4. フレキシブル

有機ELディスプレイの利用例

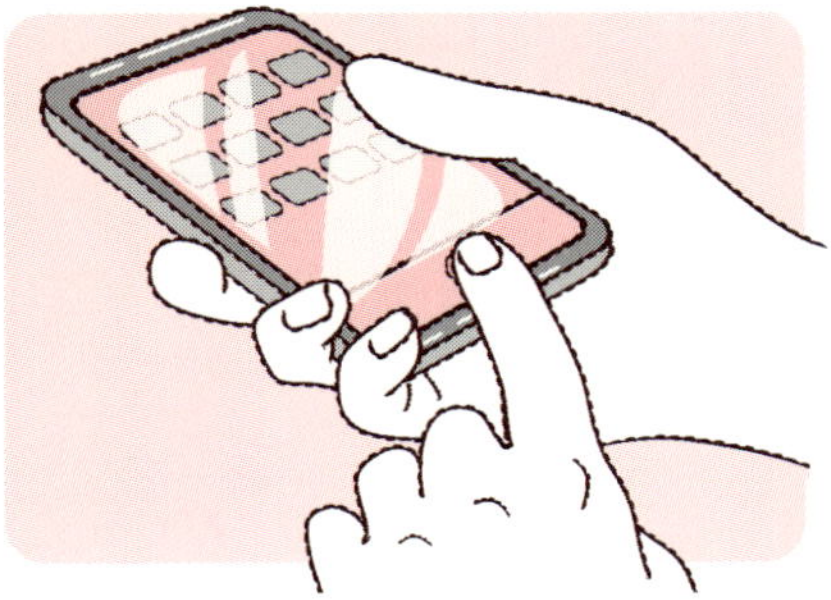

スマートフォン

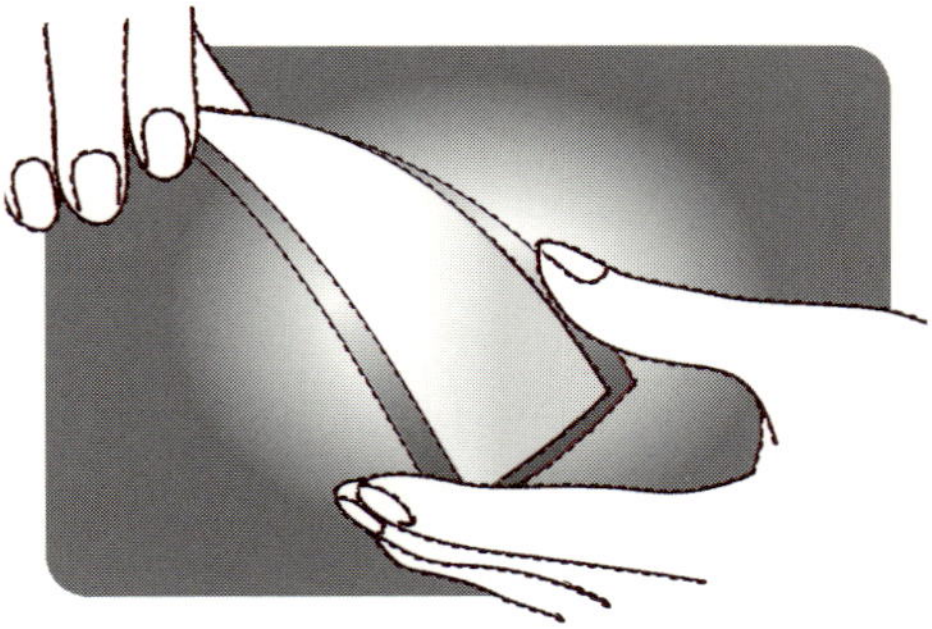

曲がる照明

39 有機ＥＬのメカニズム

有機ＥＬ材料の種類と役割

有機ＥＬパネルの発光メカニズムを説明します。有機ＥＬ素子に外部から数Ｖ程度の直流電圧がかけられると、陰極からは電子が注入され、電子輸送層の最低非占有分子軌道（ＬＵＭＯ）を移動します。一方、陽極からは正孔が注入され、正孔輸送層の最高占有電子軌道（ＨＯＭＯ）を移動します。両キャリアは発光層で再結合し、この時に発光材料分子が励起され、発光現象が発現します。

有機ＥＬパネルの主要構成材料としては、電子輸送材料、発光材料、正孔輸送材料が挙げられます。高性能で効率の良い有機ＥＬパネルを作製するためには、各材料の物性値（電荷移動度、エネルギー準位など）を最適化する必要がありますが、現在は、クロスカップリング反応を活用することにより、高性能な材料を合成（分子設計）することが可能となっています。

電子輸送材料は、陰極から電子を受け取り、発光層に移動させる役割を担っています。このため、陰極界面との良好な密着性に加えて、電子受容性の高い分子が求められます。最近では、トリアジン系化合物のような電子欠乏性芳香族化合物が良く用いられています。

正孔輸送材料は、陽極から正孔を受け取り、発光層に移動させる役割を担っています。正孔輸送材料は、コピー機に使用される感光体材料（ＯＰＣ）から誘導化されたトリアリールアミン系化合物が使用されています。

発光材料は、電荷輸送を担当するホスト材料と、発光を担当するドーパント材料の2成分が使用されます。最も重要な青色ドーパント材料には、スチリル系化合物が多用されています。

現在は、低分子系材料（蒸着成膜）が主流ですが、パネルの大型化に伴い、高分子系材料（塗布成膜）のニーズが高まっています。

要点BOX

- 有機EL材料は電子輸送材料、発光材料、正孔輸送材料に大別される
- キャリアの再結合により発光現象が発現

有機EL材料への利用例

クロスカップリング反応

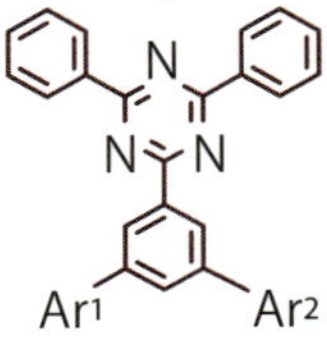

電子輸送材
（東ソー）

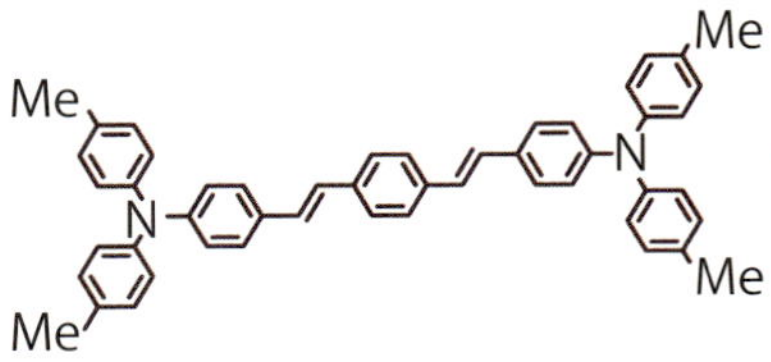

発光材
（出光興産）

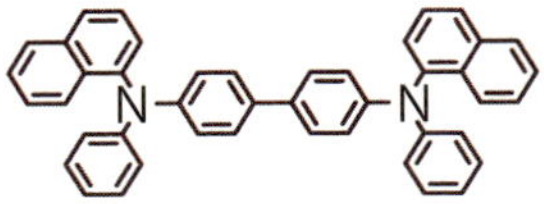

正孔輸送材
（東ソー）

有機EL素子の発光メカニズム

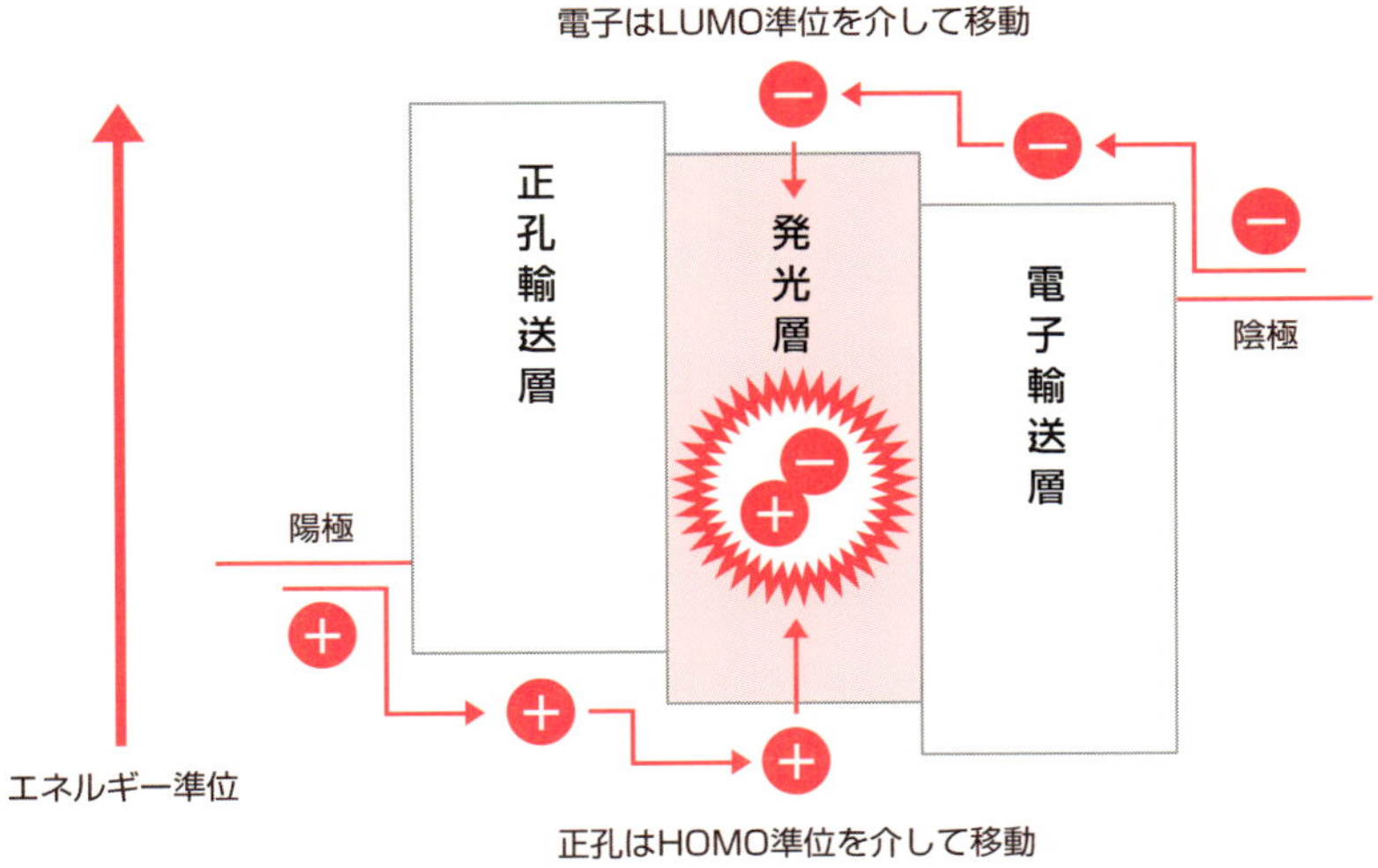

・発光層で正孔と電子が再結合することで発光が得られる。
・分子設計のポイント＝適正な電荷バランス（電荷移動度）、HOMO/LUMO のエネルギー準位調整、耐久性など。

40 有機EL材料の合成法

クロスカップリングが大活躍

有機ELで用いられる電子輸送材料、正孔輸送材料は、東ソーが精力的に開発しています。

東ソーが開発したトリアジン系電子輸送材料は、鈴木・宮浦カップリング反応で合成されています。具体的には、ハロゲン原料（Ⓕ）とボロン酸原料（Ⓖ）をカップリング反応させるルートが採用されています。この方法では、ボロン酸原料（Ⓖ）の種類を変えることにより、電子輸送材料の物性値を調整できるメリットがあります。

東ソーで製造中のトリアリールアミン系正孔輸送材には、バックワルド・ハートウィグ反応が採用されています。東ソーは、ハロゲン原料（Ⓗ）とアミン原料（Ⓘ）とのカップリング反応を高収率で進行させることのできる高活性パラジウム触媒（トリ-*t*-ブチルホスフィン配位子使用）を開発しています。東ソーアミノ化法と呼ばれる本手法は、有機EL材料を研究する学術研究者にも広く普及しています。ハロゲン原料（Ⓗ）とアミン原料（Ⓘ）の種類を変えることにより、様々な物性値を持つ正孔輸送材料を容易に合成することができます。

有機ELで用いられる発光材料は、出光興産が精力的に開発しています。

出光興産が開発したスチリル系発光材料にも、バックワルド・ハートウィグ反応で合成するルートが提案されています。具体的な合成法としては、アミン原料（Ⓙ）とハロゲン原料（Ⓚ）とのカップリング反応により、中間体（Ⓛ）を合成した後、多段階反応を経由して、スチリル系発光材料へと誘導されています。

有機EL材料は、非常に高純度の製品が要求されます。クロスカップリング反応は、高収率で反応が進行しますが、反応に使用したパラジウム触媒が製品中に残存することがあり、この除去方法が工業化に際して、重要なノウハウとなっています。

要点BOX

- ●電子輸送材、正孔輸送材、発光材料の全てがクロスカップリング反応で合成されている
- ●Pd触媒の除去方法が工業化のノウハウ

電子輸送材（鈴木・宮浦カップリング反応）

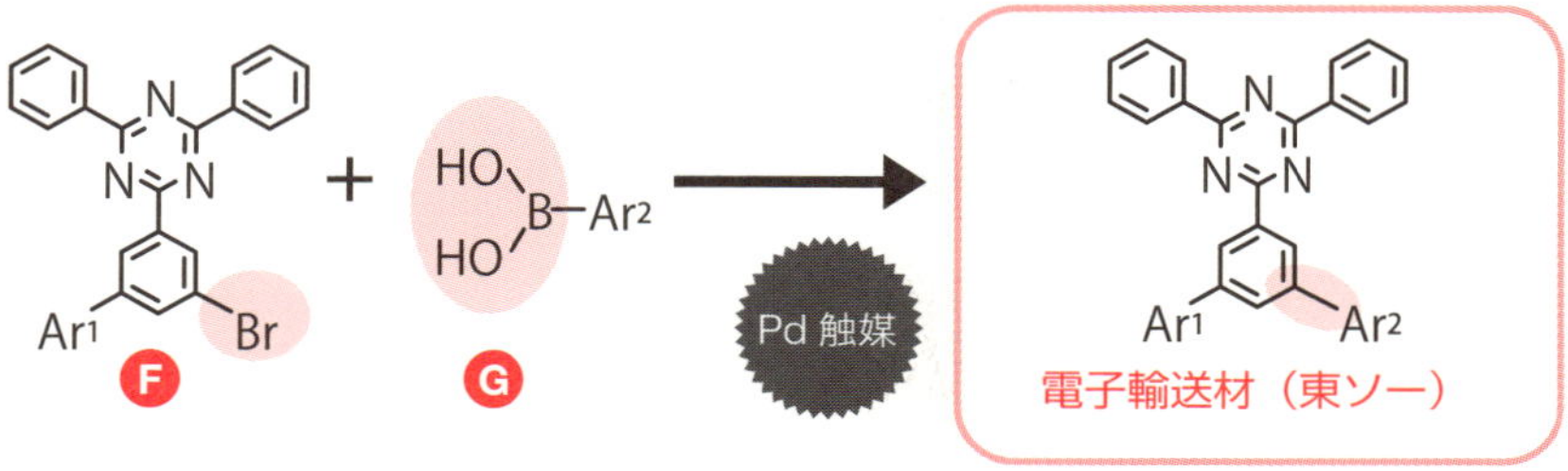

正孔輸送材（バックワルド・ハートウィグ反応）

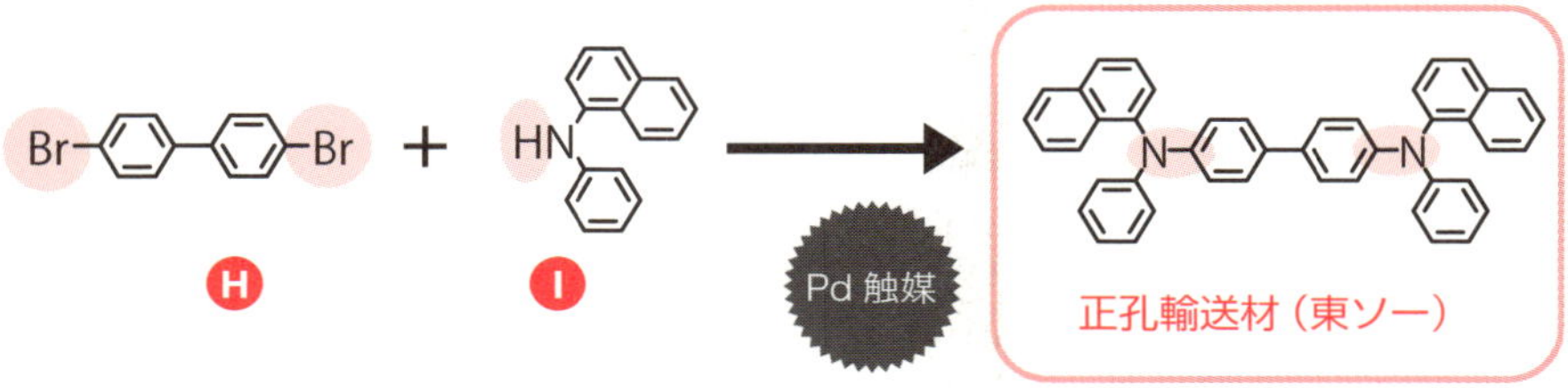

発光材（バックワルド・ハートウィグ反応）

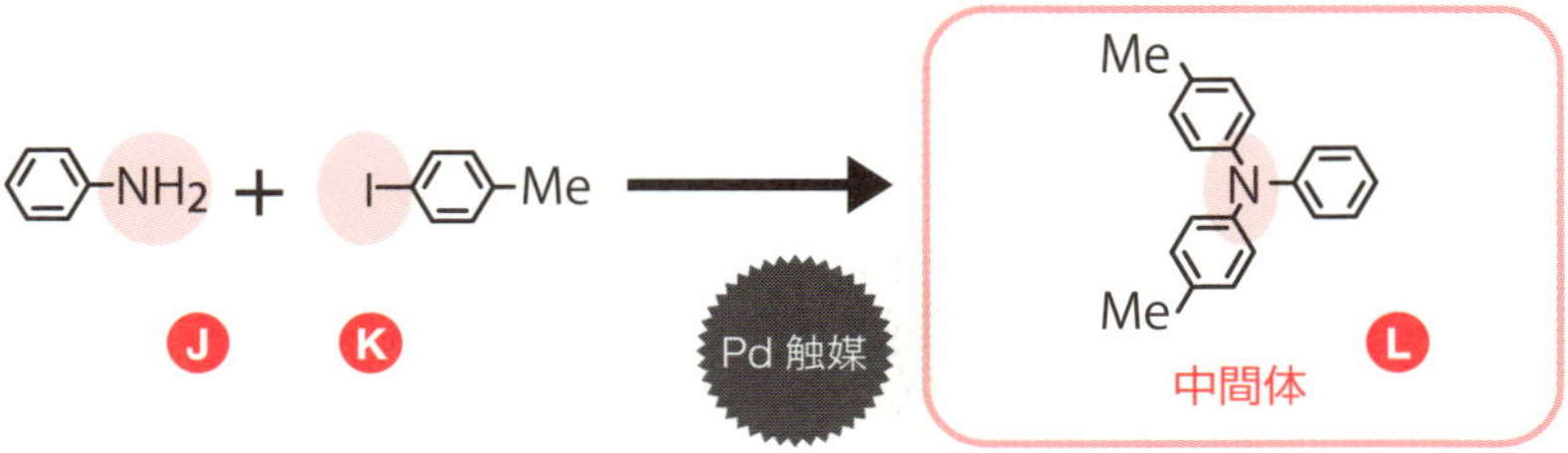

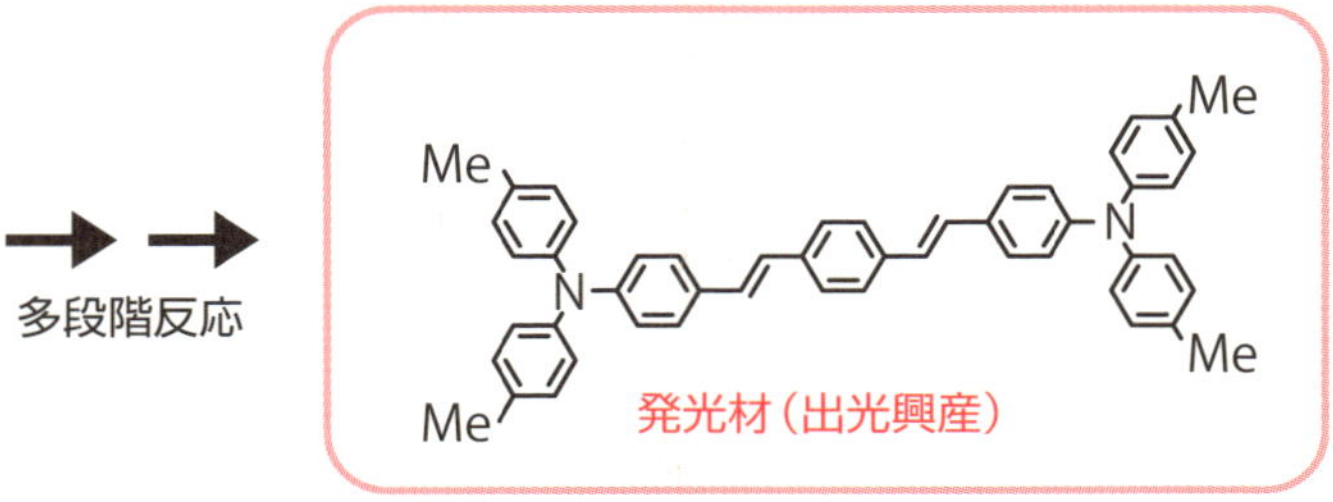

41 半導体は産業の米

半導体の製造プロセス

半導体製品は、私たちの暮らしを支える電子機器類に使われている集積回路（ＩＣ、ＬＣＩ）の総称です。シリコン半導体を原料に製造されることから、半導体という名称が定着しました。

半導体製品は、家電（テレビ・冷蔵庫）、通信機器（パソコン・スマートフォン）、交通車両（自動車・鉄道、航空機）、社会インフラ（工場・発電所）に至るまで、様々な電子機器の制御に使われています。その重要性から、半導体製品は産業の米と呼ばれています。

半導体製品の製造プロセスについて説明します。原料には、シリコンウェーハが用いられます。このウェーハを洗浄した後、ウェーハ上に回路の素材となる酸化シリコンやアルミニウムなどを成膜します。

続いて行われるのが、回路を形成させるための重要な工程であるリソグラフィ工程です。この工程では、クロスカップリング反応で合成されたレジスト材料（感光材料）が使用されます。リソグラフィ工程は、回路パターンを現像転写する工程ですが、次項で詳しく解説します。

次に、エッチング、イオン注入工程を経由して、ウェーハ上に半導体特性を有する回路が形成されます。最後にレジストを剥離して、ウェーハ表面を研磨（平坦化）すると、完成ウェーハが製造できます。

完成ウェーハには、多数のＩＣチップが形成されており、これを切り出して、パッケージ化することにより半導体製品が製造されています。

半導体製品の製造では、わずかの塵《ちり》や埃《ほこり》が回路の短絡や欠損を引き起こすため、クリーンルームと呼ばれる清浄空間での作業が求められます。森の澄んだ空気でも、30リットルの空間中には約10万個の粉塵が含まれていますが、クリーンルーム（クラス1）では、同体積中の粉塵の数は、1個以下に管理されています。

要点BOX

- ●半導体製品は集積回路の総称
- ●シリコンウェーハを原料にリソグラフィ工程を経由して製造される

半導体製品の製造プロセス

原料シリコンウェーハ

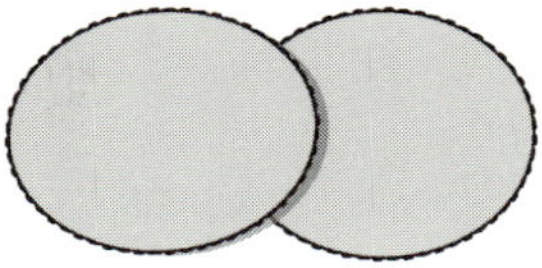

▼

洗浄・成膜

▼

リソグラフィ

レジスト材料使用
（クロスカップリング反応）

▼

エッチング、イオン注入

▼

レジスト剥離、平坦化

▼

完成ウェーハ

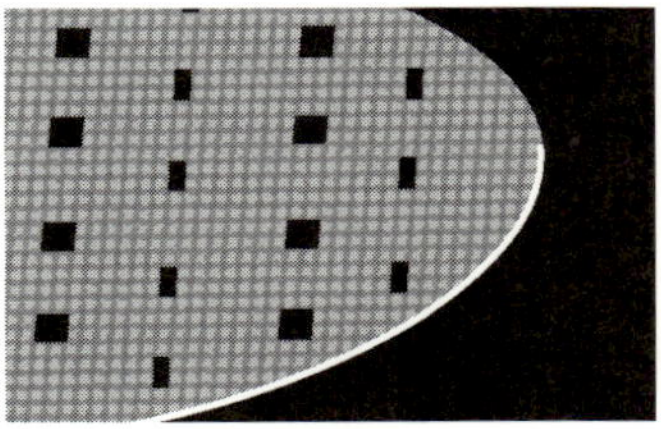

▼

ダイシング

▼

ICチップ

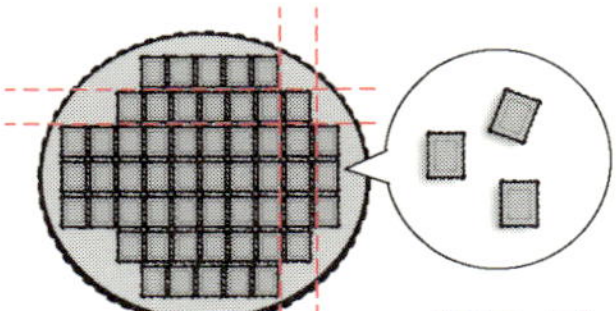

▼

パッケージ化

▼

半導体製品

42 半導体製造で重要なレジスト材料

レジスト材料もクロスカップリングで

シリコンウェーハ上に回路パターンを形成する重要な工程がリソグラフィ工程です。この工程では、露光装置を用いて、ガラスや石英に描かれた回路パターン（フォトマスクと呼ばれる）をウェーハ上に転写していきます。写真現像を応用した技術となっています。

リソグラフィ工程を具体的に説明します。まず、成膜基板に、感光性ポリマーを含むレジスト材料を塗布します。次に、露光装置を用いてフォトマスクに描かれた回路パターンをウェーハ上に転写します。この後、薬液洗浄（アルカリ洗浄）すれば、露光部分のレジストが除去されます。続いて、エッチング工程で露光部の金属酸化物を除去し、最後に非露光部のレジストを取り除くことにより、回路パターンが転写されます。

現在主流の技術では、露光装置の光源にKrFエキシマレーザー（波長248nm）が採用されています。ここで使用されるレジスト材料には、クロスカップリング反応で合成された感光性ポリマー（ポリヒドロキシスチレン誘導体）と酸発生剤が含まれています。レジスト材料に添加されている感光性ポリマーはアルカリ不溶性ですが、ここにKrF光が照射されると酸発生剤の働きにより、アルカリ可溶のポリマーに構造変化します。この性質を利用して、フォトマスクの回路パターンが転写されます。

年々、電子機器類は高性能化しており、その制御に用いられる半導体製品も高集積化が求められています。業界の経験則（ムーアの法則）では、半導体製品の集積度は、18ヶ月で2倍に高まる程の技術革新が続いています。

半導体製品の高集積化には、回路パターンの微細化が必要となりますが、この実現に向け、露光装置とレジスト材料の改良が続けられています。クロスカップリング技術は、レジスト材料の改良にも大きく貢献しています。

要点BOX

- ●リソグラフィ工程はウェーハ上に回路パターンを転写する工程
- ●レジスト材料の構造変化により転写が発現

リソグラフィ工程

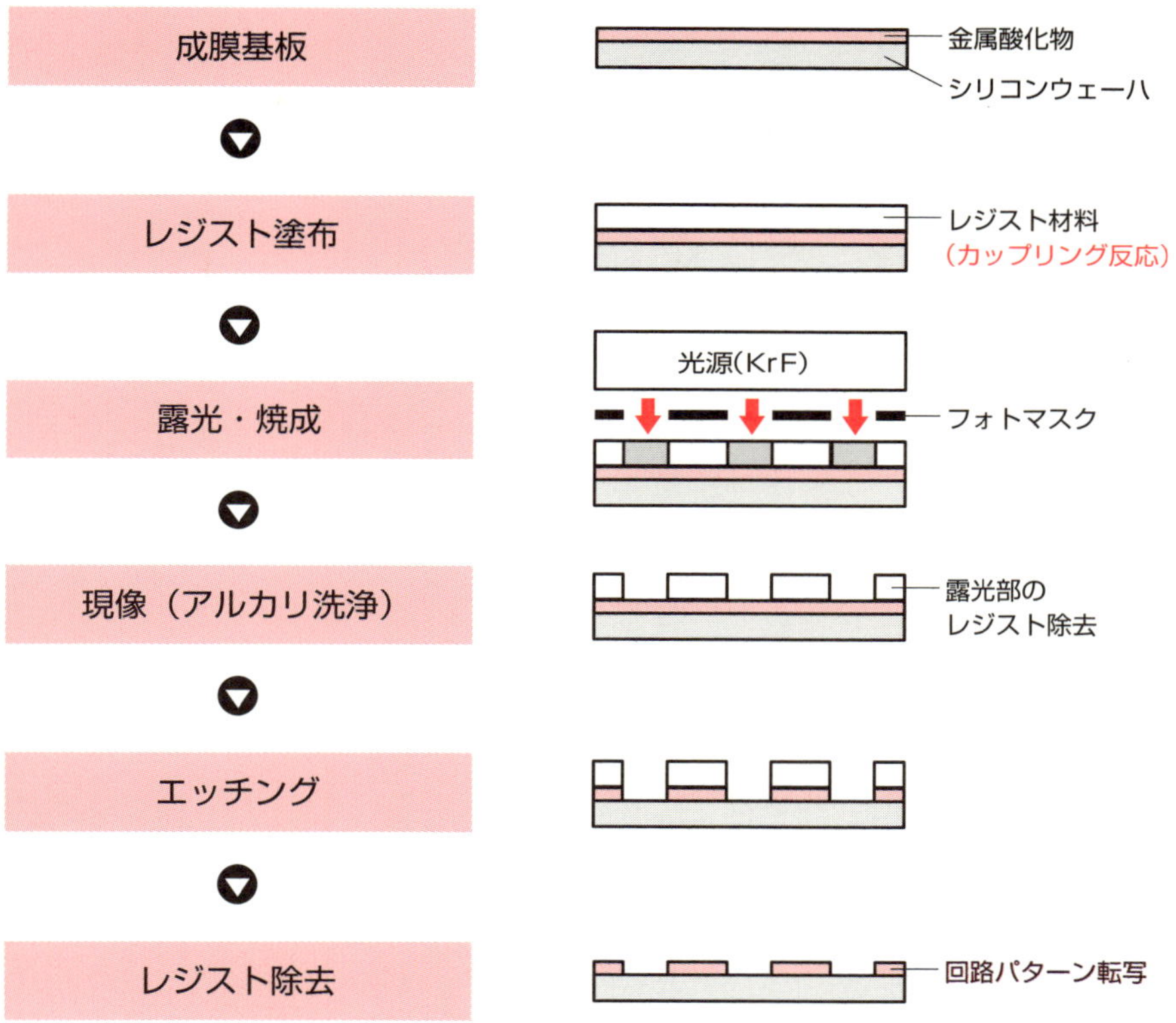

レジスト材料（メカニズム）

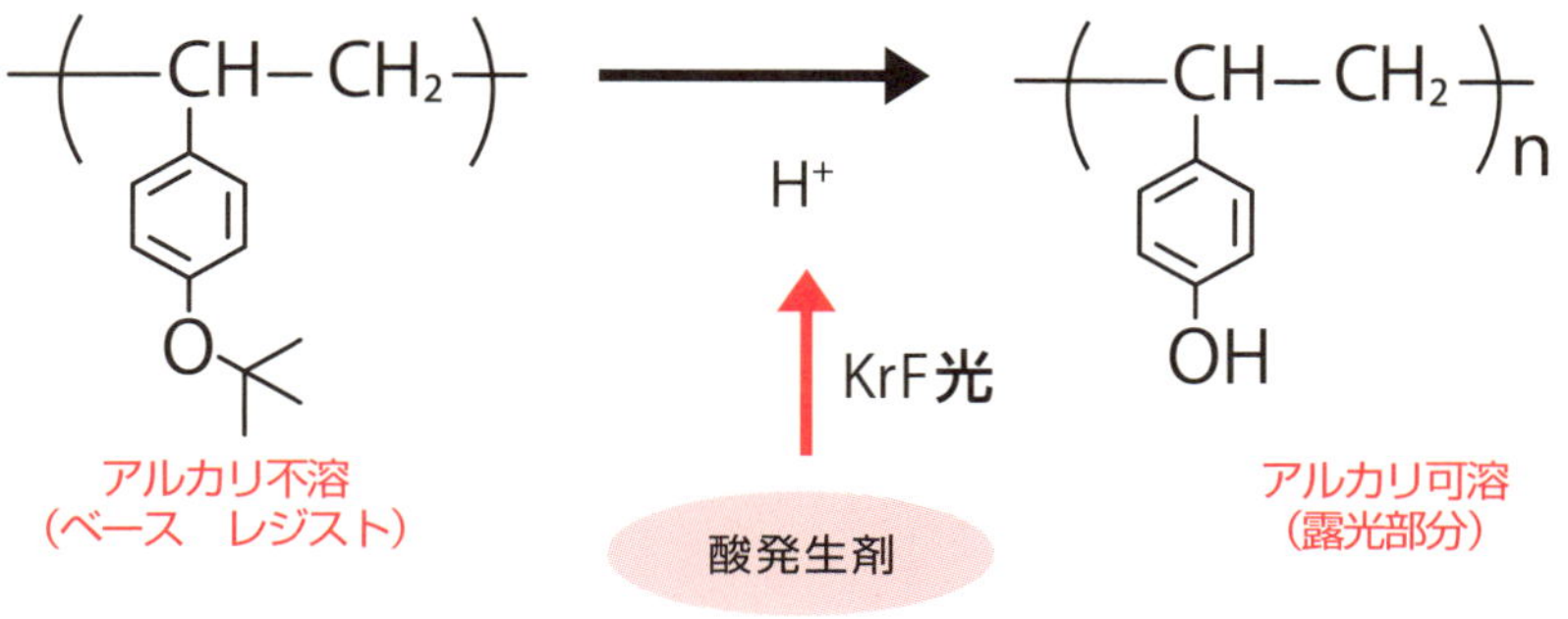

43 レジスト材料の合成法

レジストモノマーが重要

本項では、現在主流のKrFエキシマ用レジスト材料の合成法について説明します。

レジスト用モノマー（PTBS）は、熊田・玉尾クロスカップリング反応により合成されています。この反応では、クロロ原料(M)からグリニャール試薬(N)を調製した後、触媒存在下に塩化ビニルガスとのクロスカップリング反応により、PTBSが合成されます。

北興化学工業は、1988年、Ni触媒法でPTBSの工業化に成功しました。これは、クロスカップリング反応の工業化の先駆けであり、産業化に大きなインパクトを与えました。

東ソーは、2000年、Fe触媒法でPTBSの工業化に成功しました。これは、クロスカップリング反応の工業化において、世界で初めてFe触媒を採用した点で大きな注目を集めました。その後、アカデミック分野においても、安価で安全なFe触媒を利用する研究が活発化していきました。

こうして得られたPTBSは、リビング重合という方法で、単分散ポリマー（ポリヒドロキシスチレン誘導体）に誘導され、レジスト材料に使用されています。このリビング重合法も東ソーにより開発され、現在ではレジスト分野に広く普及しています。

このように、半導体製品の製造に不可欠なレジスト材料は、クロスカップリング反応で合成されるPTBSモノマーを重要な出発原料として製造されています。

PTBS以外にも、PEESやPACSといったレジストモノマーも使用されており、リングラフィ工程の条件によって使い分けされています。レジストモノマーは高純度が求められるため、全て蒸留精製して製品化されます。工業化に際しては、この蒸留工程で使用する重合禁止剤が重要なノウハウとなっています。

要点BOX

- ●レジストモノマーは熊田・玉尾カップリング反応で合成されている
- ●クロスカップリング反応の工業化の先駆け

レジストモノマー合成工程（熊田・玉尾カップリング反応）

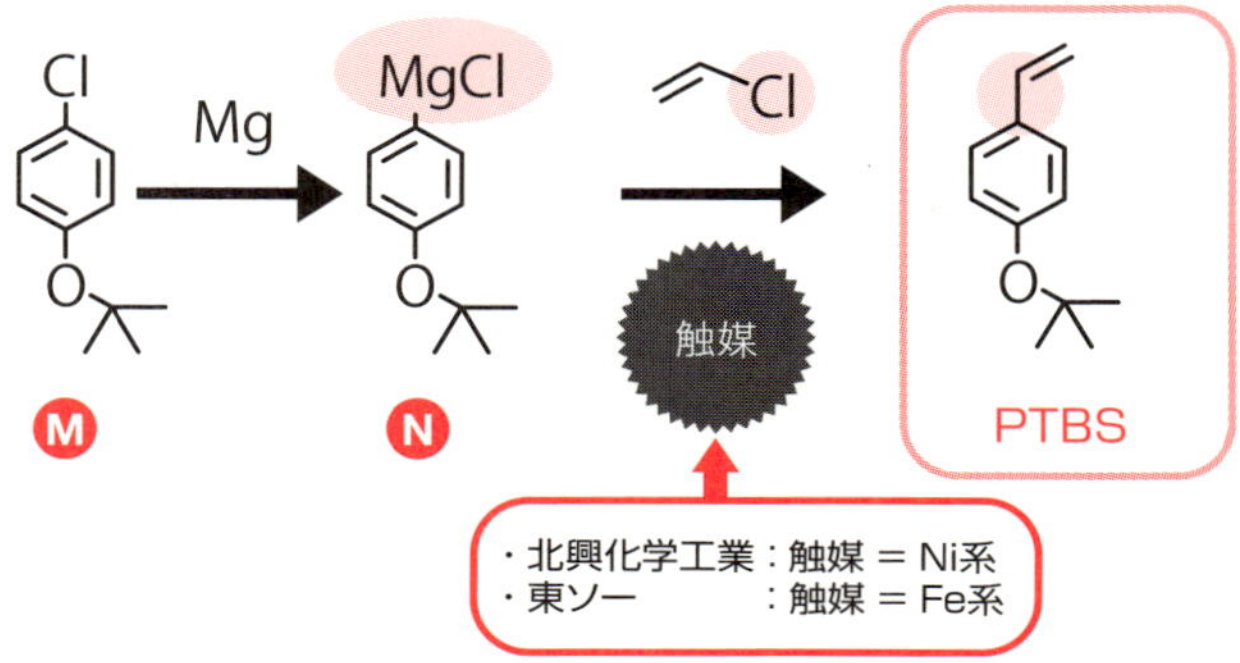

レジスト材料（単分散ポリヒドロキシスチレン）合成工程

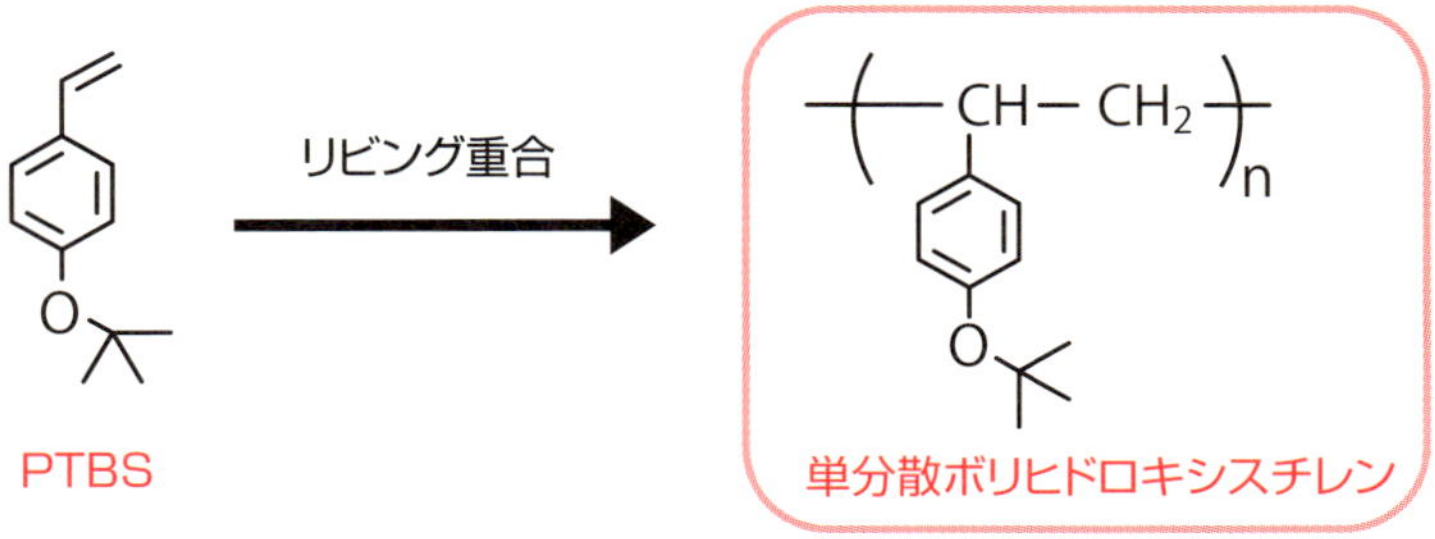

代表的なレジストモノマー（クロスカップリング反応で製造）

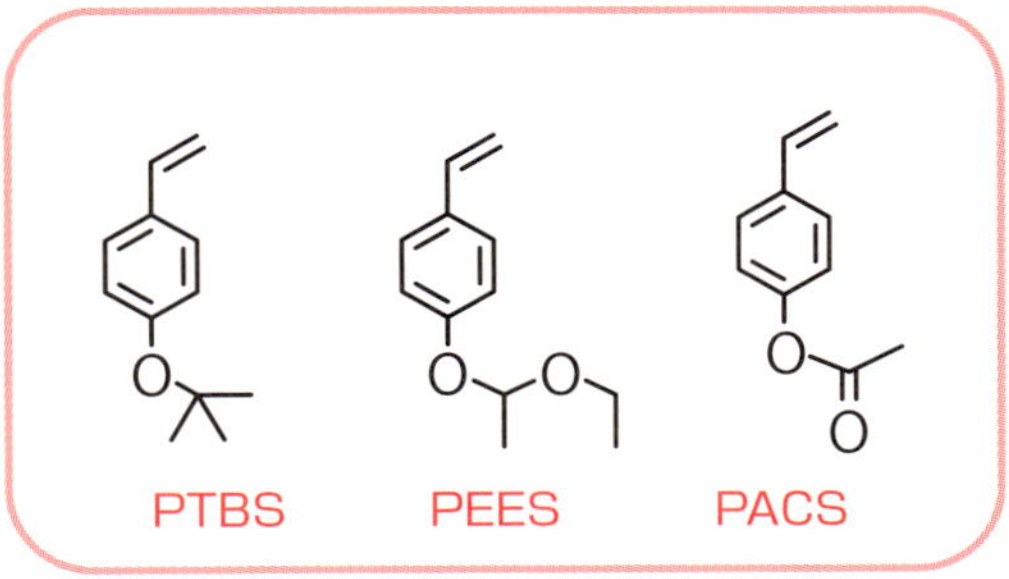

44 有機半導体の夜明け

有機ＴＦＴの登場

現在主流の液晶ディスプレイは、各画素を薄膜トランジスタ（ＴＦＴ）で駆動させるアクティブマトリックス方式が採用されています。ＴＦＴ用の半導体材料は、アモルファスシリコンや低温ポリシリコン（ＬＴＰＳ）が使用されてきました。アモルファスシリコンＴＦＴは、比較的低温（３５０℃以下）で作製できるため、大型ディスプレイ用ＴＦＴに採用されています。ＬＴＰＳは、高い電荷移動度を有するため、周辺回路も一体作製できる利点がありますが、プロセス温度が高温（６５０℃以下）となるため、小型ディスプレイ用ＴＦＴとして普及しています。

最近、アモルファスシリコンの電荷移動度を超える有機半導体材料が提案され、これを用いた有機ＴＦＴの開発が活発化しています。この有機半導体材料の合成に、クロスカップリング反応が使用されています。

有機ＴＦＴは、低温プロセス（１００℃以下）かつ印刷プロセス（スクリーン印刷法、インクジェット法）での作製が可能です。このため、樹脂基板が使用可能となり、フレキシブルディスプレイの実現を目指した検討が本格化しています。

有機ＴＦＴの基本構造としては、トップコンタクト方式とボトムコンタクト方式が提案されています。トップコンタクト方式は、作製が容易で安定した半導体特性を得られ易い長所がありますが、ソース・ドレイン電極の作製がシャドーマスク法で実施されるため、チャネル長が長くなる欠点があり、高精細ディスプレイには不向きです。一方、ボトムコンタクト方式では、ソース・ドレイン電極の作製をリソグラフィ法で実施できるため、チャネル長を短くすることが可能であり、高精細ディスプレイ用途に適応できます。

有機ＴＦＴは、有機ＥＬディスプレイ、電子ペーパー、ウェアブルセンサーなどに応用される日が近づいています。

要点BOX

- 有機半導体材料の性能が向上
- 有機TFTはフレキシブルディスプレイの実現に貢献

薄膜トランジスタ(TFT)について

TFT の種類

	a-Si TFT	LTPS TFT	有機 TFT
基板	ガラス	ガラス	ガラス・樹脂
半導体材料	アモルファス -Si	低温ポリ -Si	有機半導体
電荷移動度 (cm^2 ／ Vs)	0.5 ～ 1.5 (×)	10 ～ 150 (◯)	0.5 ～ 10 (△)
プロセス温度 (℃)	＜ 350 (△)	＜ 600 (×)	＜ 100 (◯)
特長	低コスト	回路一体成型	フレキシブル化

有機 TFT の基本構造

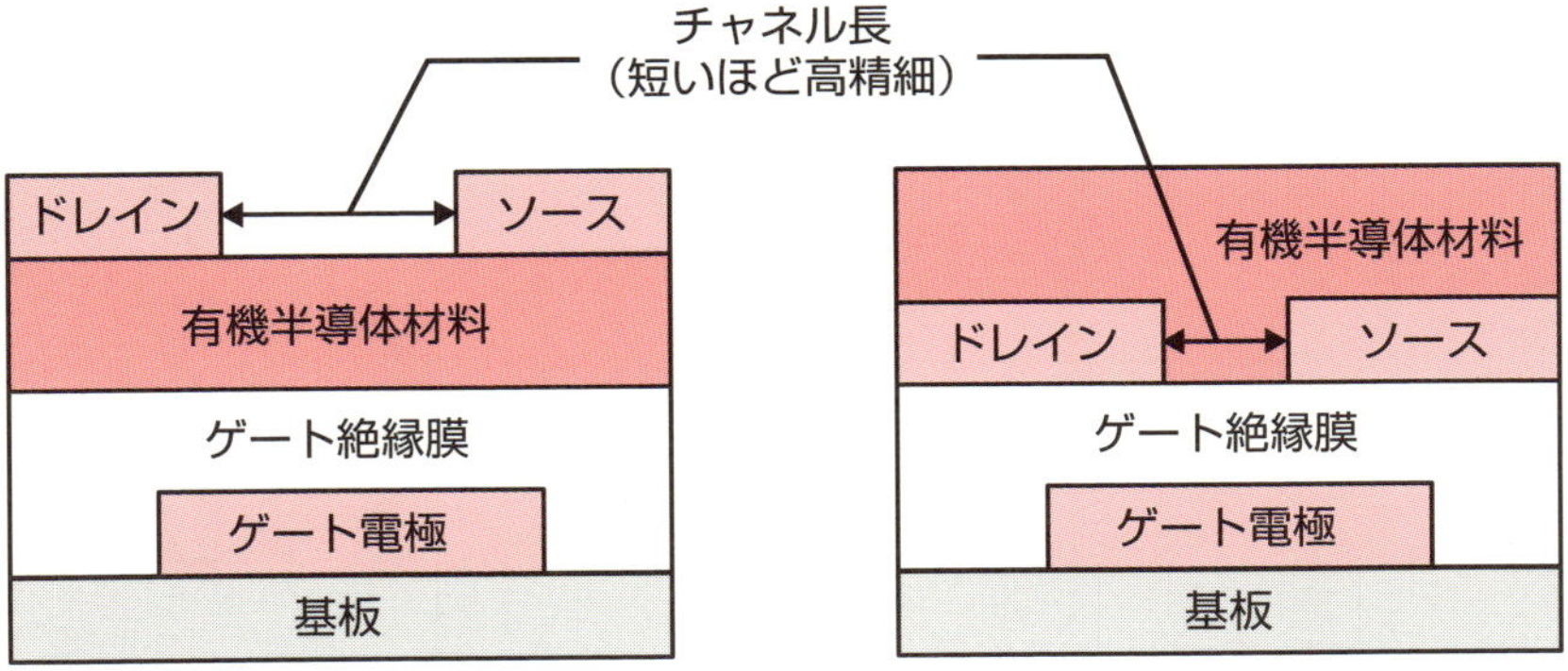

トップコンタクト方式　　ボトムコンタクト方式

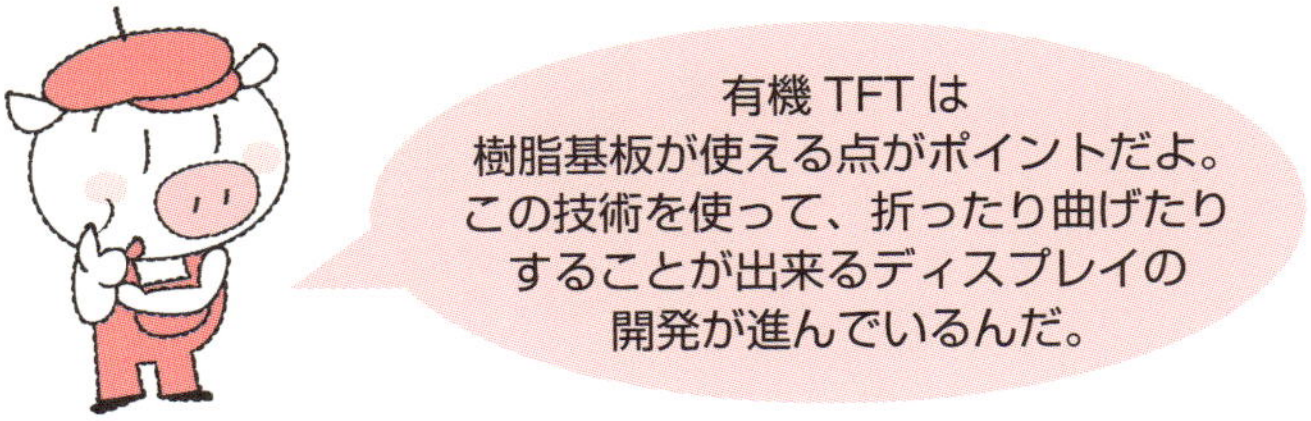

用語解説

ソース・ドレイン電極：電界効果トランジスタにおける電極の名称。ソース電極からドレイン電極に電流が流れる
シャドーマスク法：回路パターン形成方法の１つ。成膜エリアに開口部を設けたマスクを使用する

45 有機半導体にもクロスカップリング反応

有機半導体材料の高性能化

有機TFTは、低温プロセス（100℃以下）かつ印刷プロセスでの作製が可能です。このため、樹脂基板が使用可能となり、安価なフレキシブルディスプレイの実現が期待されています。

有機TFTの性能は、使用される有機半導体材料の電荷移動度に依存します。有機半導体としては、1990年代後半に入り、ポリアセン類（ペンタセン、ナフタセンなど）がアモルファスシリコンに匹敵する電荷移動度を有することが見出され、注目を集めました。しかし、ポリアセン類は化合物の安定性などに課題を有しており、実用化に向けては改善が必要です。

2000年代に入り、広島大学（瀧宮博士）の研究グループから、化合物安定性に優れるチオフェン系材料（BTBT誘導体）が提案されました。本化合物に関しては、日本化薬により、実用化に向けた検討が精力的に行われています。

BTBT誘導体の開発を契機に、クロスカップリング反応を活用して、より高性能な有機半導体材料を目指す取り組みが活発化しています。

最近、東京工業大学（半那博士）の研究グループは、クロスカップリング反応を活用し、BTBT骨格に液晶性構造を組み込むことにより、高い電荷移動度を有する新規材料（Ph-BTBT-10）を開発しました。

一方、東ソーも独自のクロスカップリング反応を活用し、世界トップレベルの電荷移動度を有する有機半導体材料（DTBDT-C6）の開発に成功しました。本材料は、耐熱性・インク形成能力も良好であり、山形大学（時任博士）との共同研究により、実用化性能に優れることが確認されました。

このように、クロスカップリング反応は、有機半導体材料の高性能化にも貢献しています。

要点BOX

- ●BTBT誘導体は優れた有機半導体材料
- ●クロスカップリング反応は有機半導体材料の高性能化にも貢献

有機半導体材料への利用例

クロスカップリング反応

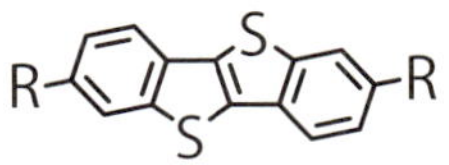

BTBT誘導体

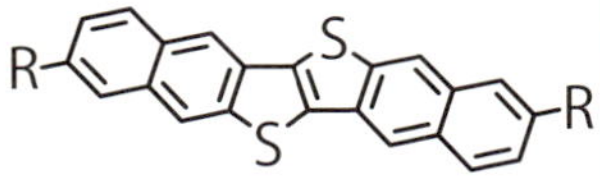

DNTT
広島大学・日本化薬

高性能化

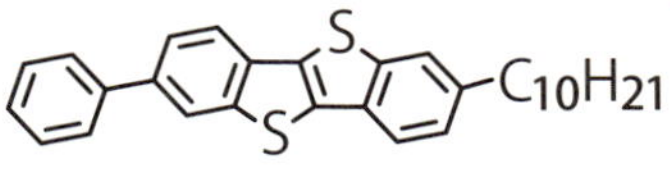

Ph-BTBT-10
(東京工業大学)

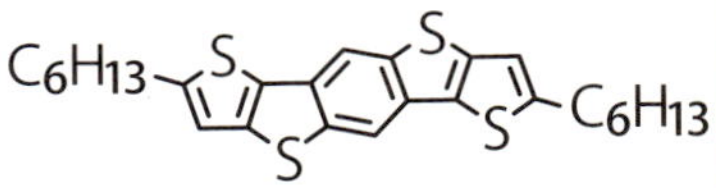

DTBDT-C6
山形大学・東ソー

山形大学・東ソー の有機半導体材料(DTBDT-C6)

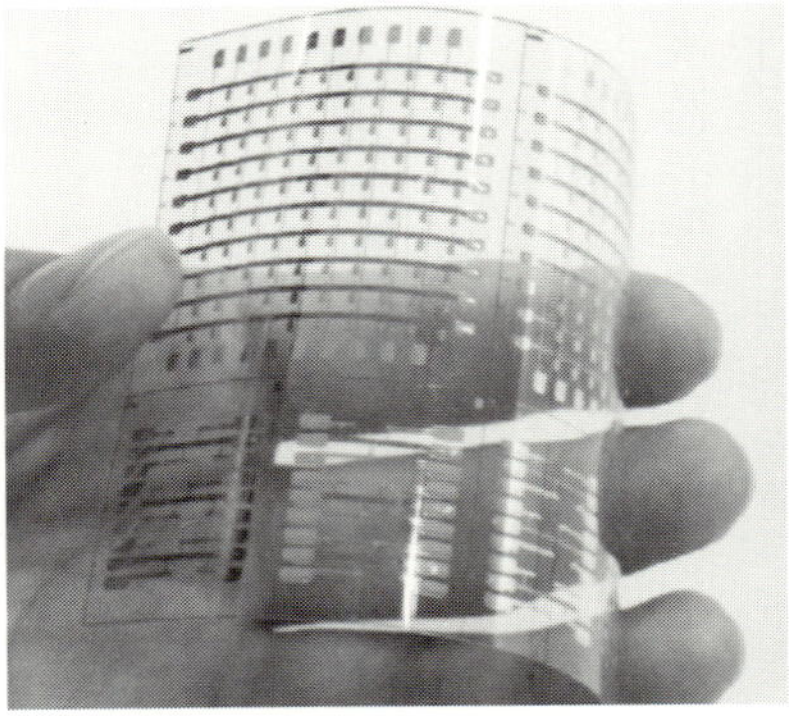

PEN基板上に作製したトランジスタアレイ

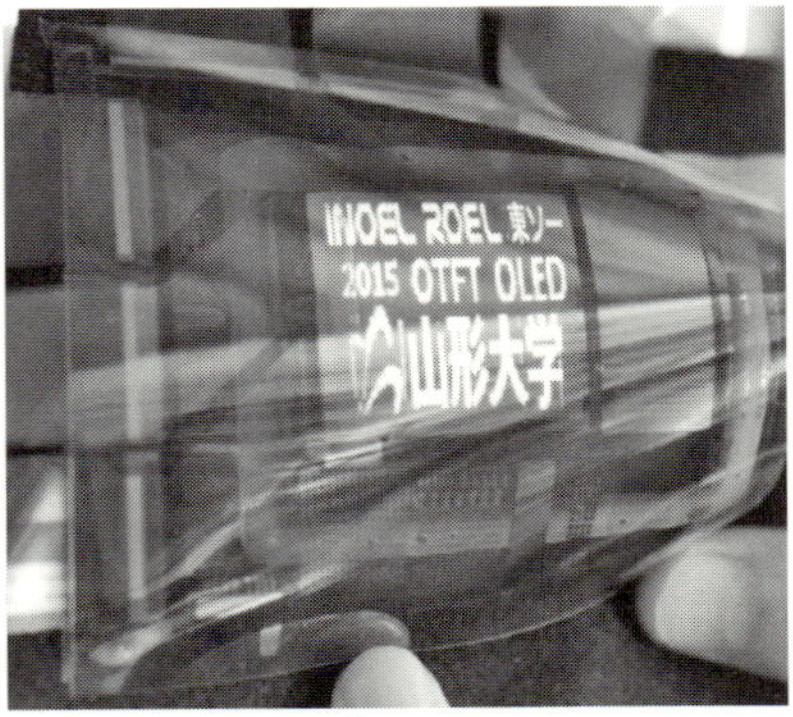

試作したフレキシブルOLED

用語解説

BTBT：[1]benzothieno[3,2-*b*][1]benzothiopheneの略称

46 有機半導体材料の合成法

有機半導体材料の高性能化に貢献

有機半導体材料の合成法を東京工業大学（半那博士）の研究グループの例を用いて解説します。

東京工業大学の開発コンセプトは、BTBT骨格に液晶構造を組み込むことにより、有機半導体材料の耐熱性・溶解性・電荷移動度を改善することにあります。

構造最適化した新規有機半導体材料（Ph-BTBT-10）は、鈴木・宮浦カップリング反応で合成されています。具体的には、ボロン酸原料（O）とハロゲン原料（P）のカップリング反応により、合成されています。

彼らは、液晶性化合物としてアルキニル材料の開発も精力的に実施しており、こちらの材料群は、薗頭カップリング反応により合成しています。具体的には、アルキニル原料（Q）とハロゲン原料（R）をパラジウム＋銅触媒存在下にカップリング反応させることにより、収率よく、アルキニル材料を合成しています。

東京工業大学が開発した新規有機半導体材料（Ph-BTBT-10）は、十分な溶解性能を有するため、溶液法により有機TFTの作製が可能でありました。更に、本半導体材料は、アニール処理することにより、酸化物半導体（IGZO）に匹敵する高い電荷移動度を発現することが確認できています。

このように、クロスカップリング反応の活用により、有機半導体材料の高性能化が進んでいます。クロスカップリング反応は、高収率で反応が進行することから、有機半導体の分子設計においても非常に有用であることが実証されています。

今回は、低分子タイプの有機半導体材料の開発状況を紹介しましたが、高分子タイプの有機半導体材料の開発も活発化しており、ここでもクロスカップリング反応が多用されています。

要点BOX

- 液晶構造の導入により有機半導体材料の性能が大きく向上
- クロスカップリングで液晶構造を導入

Ph-BTBT-10(鈴木・宮浦カップリング反応)

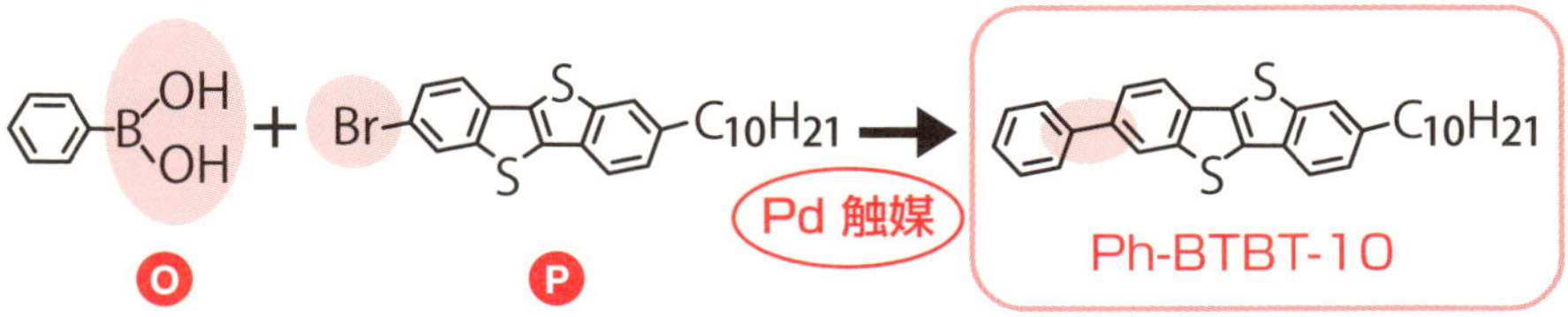

アルキニル材料(薗頭カップリング反応)

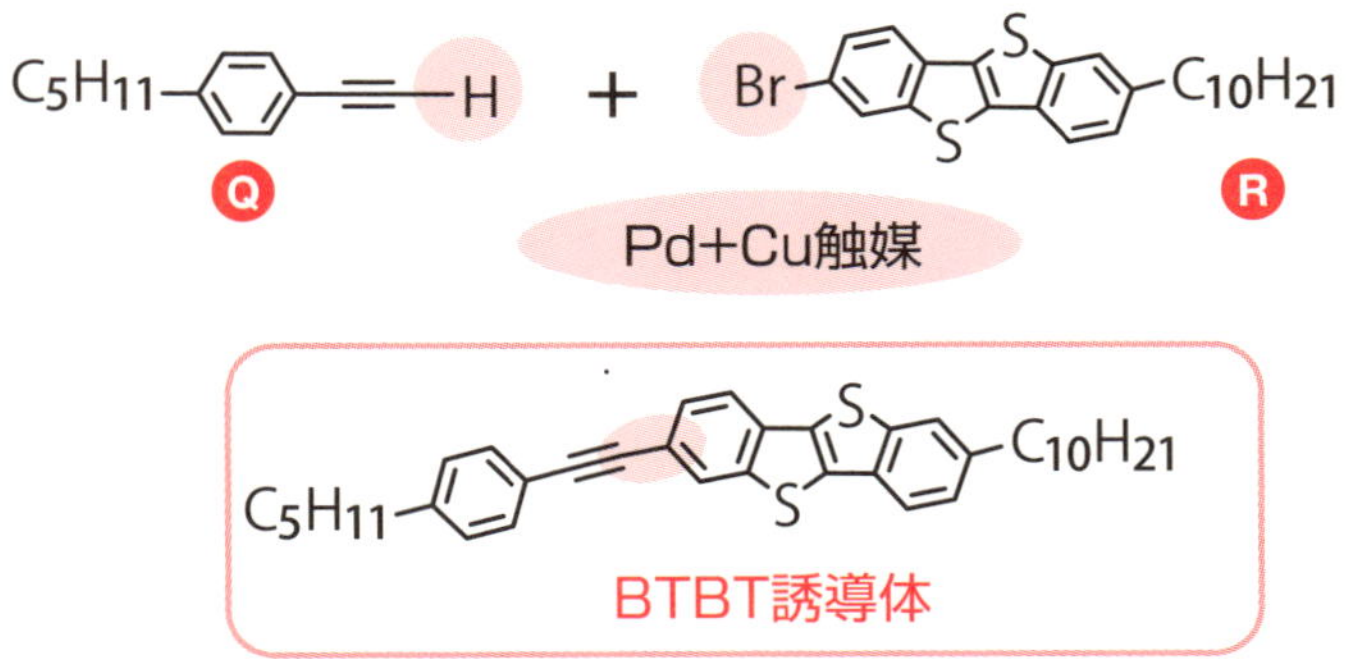

東京工業大学の有機半導体材料

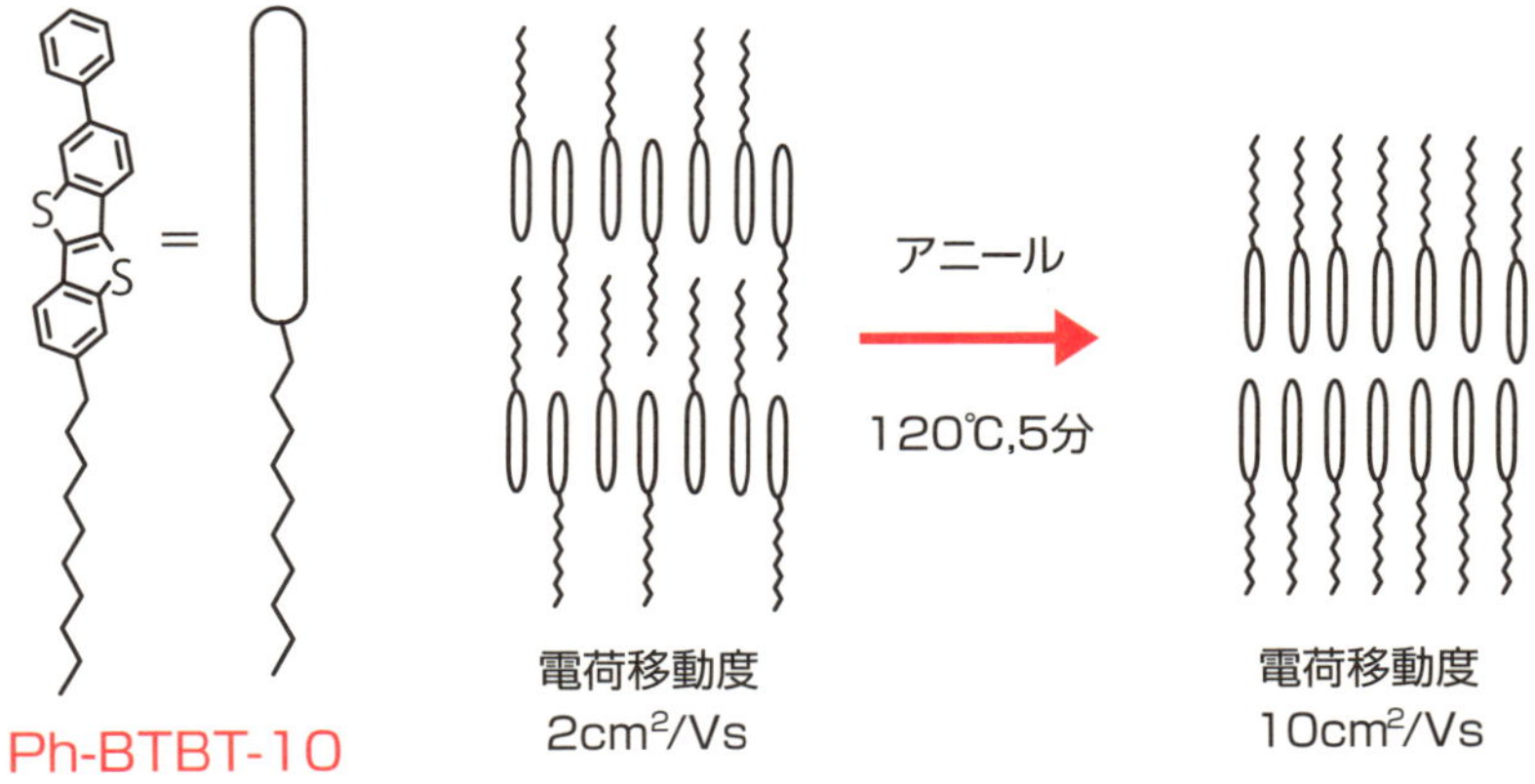

鈴木博士の毎日にもクロスカップリング反応

クロスカップリング反応が最も役立った例としては、家電機器分野では液晶ディスプレイ、医薬分野では高血圧治療薬（降圧剤）が有名です。

2010年10月6日、スウェーデン王立科学アカデミーは、クロスカップリング反応の開発に貢献した研究者（鈴木章博士、根岸英一博士、リチャード・ヘック博士）にノーベル化学賞を授与すると発表しました。この日を境に、連日、テレビでは鈴木博士の業績や人となりに関するニュースが流れることになりました。鈴木博士の奥様（鈴木陽子さん）も、ご自宅で驚きと喜びを持って、テレビニュースをご覧になっていたそうです。でも、その時に奥様がご覧になっていたテレビは、なんと、ブラウン管テレビでした。「液晶テレビはもったいないから」と、ブラウン管テレビを大切に使い続けていたご夫妻。少し意外ですが、心温まるエピソードです。

そんな鈴木博士もノーベル賞の受賞前に、クロスカップリング反応の恩恵を受けていることを実感する体験をしました。鈴木博士は大変お元気ですが、血圧が少し高いので、医師から降圧剤の服用を薦められました。処方箋をもらって、薬局で薬を受け取ろうとすると、「この薬の合成には、鈴木先生のクロスカップリング反応が使われています」と薬剤師の方に教えられてビックリ。そのうえで、「世の中に役立つ仕事ができて良かった」と改めて実感したそうです。現在、世界中には10億人の高血圧患者がいるとされています。クロスカップリング反応は、本当に多くの患者さんを救っているのです。

さて、ブラウン管テレビには後日談があります。その後、鈴木先生のご自宅には、ノーベル賞のお祝いとして某化学会社の有志から液晶テレビが贈られました。初めてご自宅で液晶テレビをご覧になったご夫妻は、「やっぱり液晶テレビはきれいだね」ととても喜ばれたそうです。

今日も鈴木博士は、クロスカップリング反応で合成された「降圧剤」を飲みながら、「液晶テレビ」で大好きなテレビ番組を楽しんでいます。鈴木博士がお孫さんと連絡を取り合う携帯電話も「液晶ディスプレイ」。気付けば、クロスカップリング反応に支えられた毎日の生活。研究者冥利に尽きますね。

第6章

健康を支える
クロスカップリング反応

47 毎日の健康にクロスカップリング反応

医農薬の大量合成に貢献

男女合わせた世界全体の平均寿命は71・6歳（2015年）であり、1990年と比較すると約6年も伸びています。この背景には、クロスカップリング反応で製造される医農薬の普及が大きく貢献しています。この章では、クロスカップリング反応が、私たちの健康をどのように支えているのかについて解説します。

農作物を健全な環境で栽培するため、害虫や雑草の防除を目的として、種々の農薬が使用されます。適切に農薬を使うことで、農作物の収穫量が大幅に向上し、安定した農作物の供給が可能となっているのです。有機合成法を活用した農薬は、1930年代から使用され始めましたが、環境汚染を引き起こす問題も発生させてしまいました。今日では、クロスカップリング反応の利用により、安全性の高い農薬が次々と開発されるようになり、世界中の食糧生産量増強に大きく貢献しています。

クロスカップリング反応の利用により、高血圧、がん、エイズなどの治療に有効な医薬品が次々と開発されています。中でも、世界中に10億人の患者がいるとされる高血圧の治療薬（降圧剤）は、その殆どがクロスカップリング反応を用いる製造法で大量生産されています。降圧剤の普及により、多くの人が健康寿命を延ばしています。

健康な生活を送るためには、病気の早期発見・早期治療が重要になります。最近、分子イメージングを利用した画像診断法（PET診断法、蛍光診断法）が開発され、注目を集めています。例えば、PET診断法では、がん細胞に取り込まれ易いPET検査薬（放射性同位体元素利用試薬）を体内に注射してから画像診断することにより、がん細胞を早期に見つけ出すことが可能となりました。クロスカップリング反応は、PET検査薬や蛍光検査薬（蛍光色素）の高性能化にも大きく貢献しています。

要点BOX

- 医農薬の高性能化・大量合成に貢献
- 降圧剤がクロスカップリングの代表製品
- 診断薬の技術進展にも大きく貢献

健康を支えるクロスカップリング反応

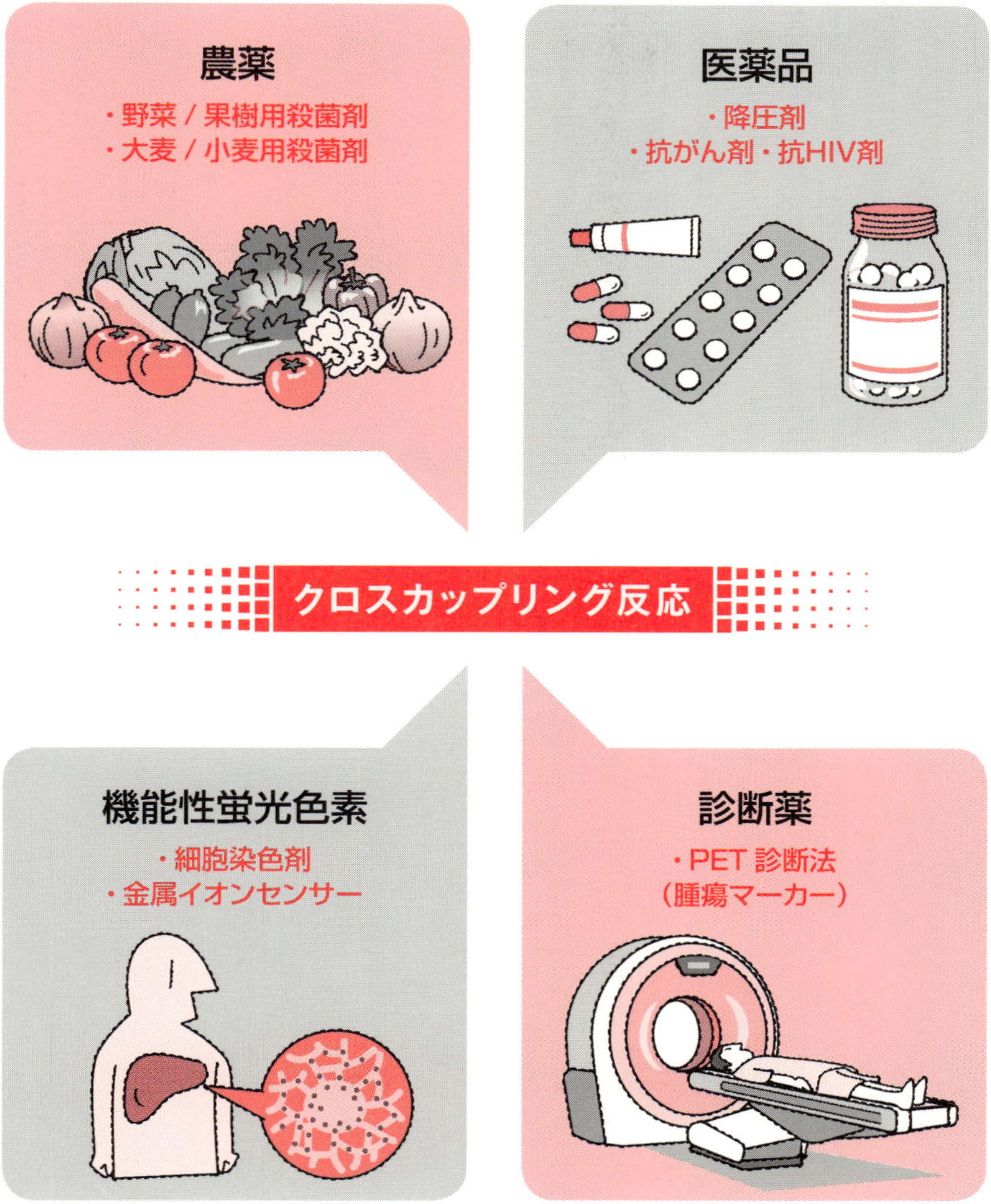

用語解説

分子イメージング：放射線や蛍光発光を使い、生体内の分子の位置や動きを見えるようにする手法

48 農薬の高性能化に貢献！

世界人口は、急激に増加しています。国連統計によれば、1995年に56億人であった人口は、2015年には73億人（1・3倍）に増加しています。この人口増加に対応するため、2015年の穀物生産量は、1995年の1・5倍まで増加しました。この穀物生産量の増加に大きく貢献しているのが、高性能な農薬製品です。

有機合成法を利用した農薬は、1930年代から使用されており、農作物の生産向上に貢献してきました。しかし、当時は、農薬自体やそこに含有される不純物がもたらす環境汚染に関する知見が不十分であり、社会問題を引き起こした事例もありました。例えば、PCP（ペンタクロロフェノール）は水田用の除草剤として高い効果を示すことから、日本でも1950年代以降に広く普及しました。しかしながら、PCPが魚介類毒性を有することや不純物として微量ダイオキシンを含有していることなどが判明し、使用禁止となっていきました。このような経緯から、現在では、農薬性能と安全性を両立させた高性能な農薬製品が普及しています。

こうした高性能な農薬製品の開発にもクロスカップリング反応は貢献しています。クロスカップリング反応の最大の特長は、選択性良く異種分子を炭素－炭素結合でつなぐことが出来る点です。クロスカップリング反応を利用することにより、収率良く、高純度な農薬製品を合成することが可能となりました。

クロスカップリング反応が利用された農薬としては、ドイツのBASFが開発したボスカリド（野菜・果実用殺菌剤）、ドイツのバイエルが開発したビキサフェン（大麦・小麦用殺菌剤）、スイスのチバガイギー（現ノバルティス）が開発したプロスルフロン（除草剤）などが知られています。

具体的な合成法に関しては、次の項で詳しく解説します。

要点BOX

- ●クロスカップリング利用により高性能な農薬製品が開発されている
- ●農薬のおかげで世界穀物生産量は大幅増加

農薬への利用例

クロスカップリング反応

野菜/果樹用殺菌剤

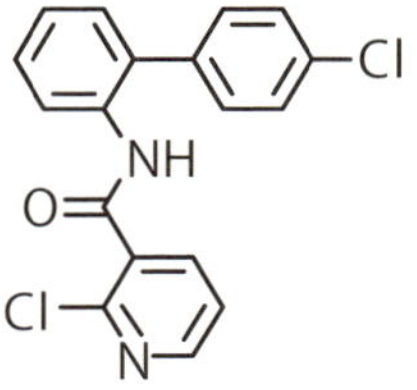

ボスカリド
（BASF）

大麦/小麦用殺菌剤

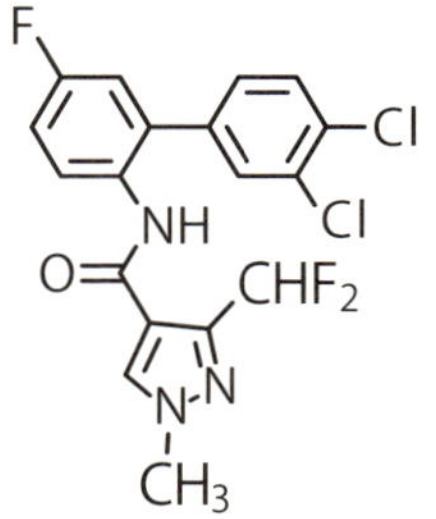

ビキサフェン
（バイエル）

除草剤

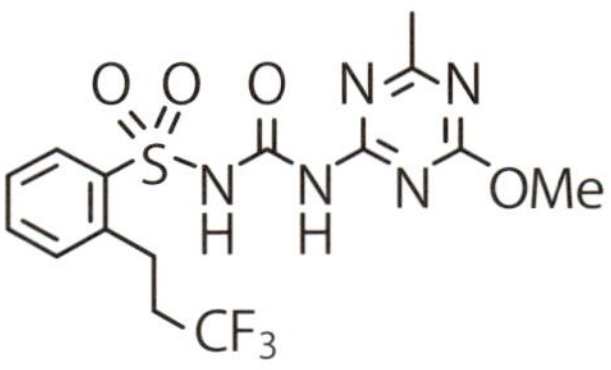

プロスルフロン
（チバガイギー）

作物の収穫量向上に貢献

世界の穀物生産量推移

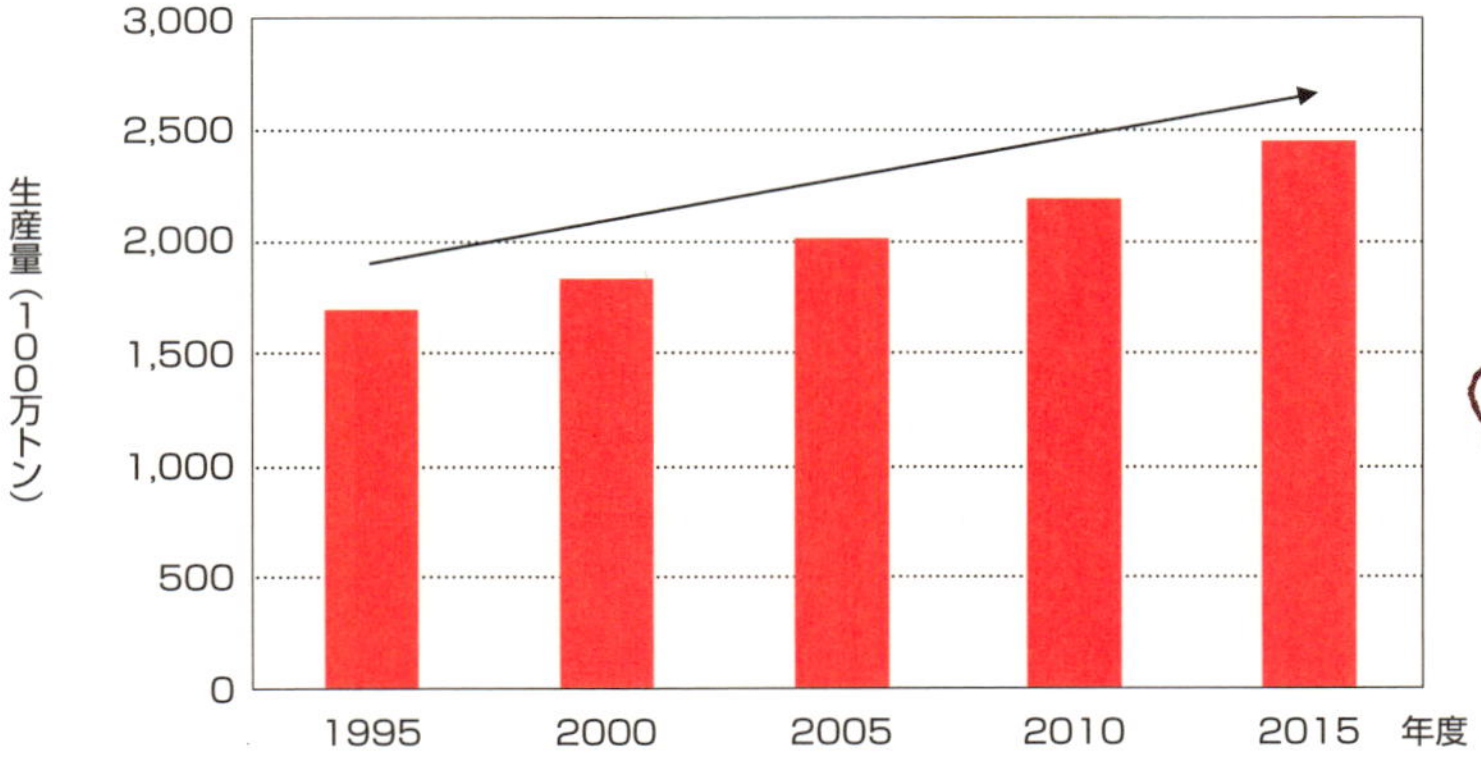

数値の出典:農林水産省HP「世界の穀物需給及び価格の推移」

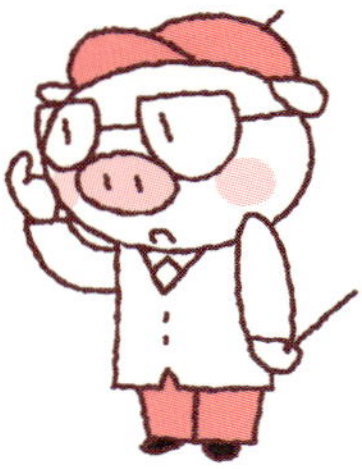

49 農薬の合成法

鍵反応はクロスカップリング

農薬における、クロスカップリング反応の利用例について説明します。

野菜や果樹用の代表的な殺菌剤として、BASFのボスカリドが有名です。灰色かび病や菌核病に効果があり、日本においても「カンタス」（商品名）等で販売・使用されています。ボスカリドの合成においては、鈴木・宮浦カップリングが使用されています。合成手順としては、まずハロゲン原料（Ⓐ）とボロン酸原料（Ⓑ）をカップリングさせ、中間体（Ⓒ）に誘導します。次いで、中間体（Ⓒ）を還元し化合物（Ⓓ）を経て、アミド結合形成により最終製品（ボスカリド）が合成されます。反応のポイントとしては、原料（Ⓐ）はニトロ基の強い電子吸引性によりオルト位のクロロ基が活性化されており、酸化的付加が容易になっている点です。これにより選択的に中間体（Ⓒ）を得ることに成功しています。

プロスルフロンはチバガイギー（現ノバルティス）の開発した除草剤です。その合成は、鍵反応に溝呂木-ヘックカップリング反応が利用されています。まず、原料（Ⓔ）をジアゾ化して反応系中で化合物（Ⓕ）を発生させ、溝呂木-ヘックカップリング反応を行って中間体（Ⓖ）に誘導します。次いで、中間体（Ⓖ）を還元し化合物（Ⓗ）に変換した後、多段階反応を経て最終製品（プロスルフロン）が合成するルートが開示されています。溝呂木-ヘックカップリングは、ハロゲン原料を基質として使用するのが一般的ですが、プロスルフロンの例のようにジアゾニウム塩を用いることもできます。

また、溝呂木-ヘックカップリングで得たアリールアルケンを還元し、対応するアリールアルカンを得る手法は、位置選択的なアルカン導入法として有用性が高い手法です。

このように、クロスカップリング反応の利用により、高性能な農薬製品の開発、大量合成が可能となりました。

要点BOX

- ●ボスカリド（殺菌剤）は鈴木・宮浦カップリングで合成されている
- ●プロスルフロンは溝呂木－ヘック反応

ボスカリドの合成法（鈴木・宮浦カップリング反応）

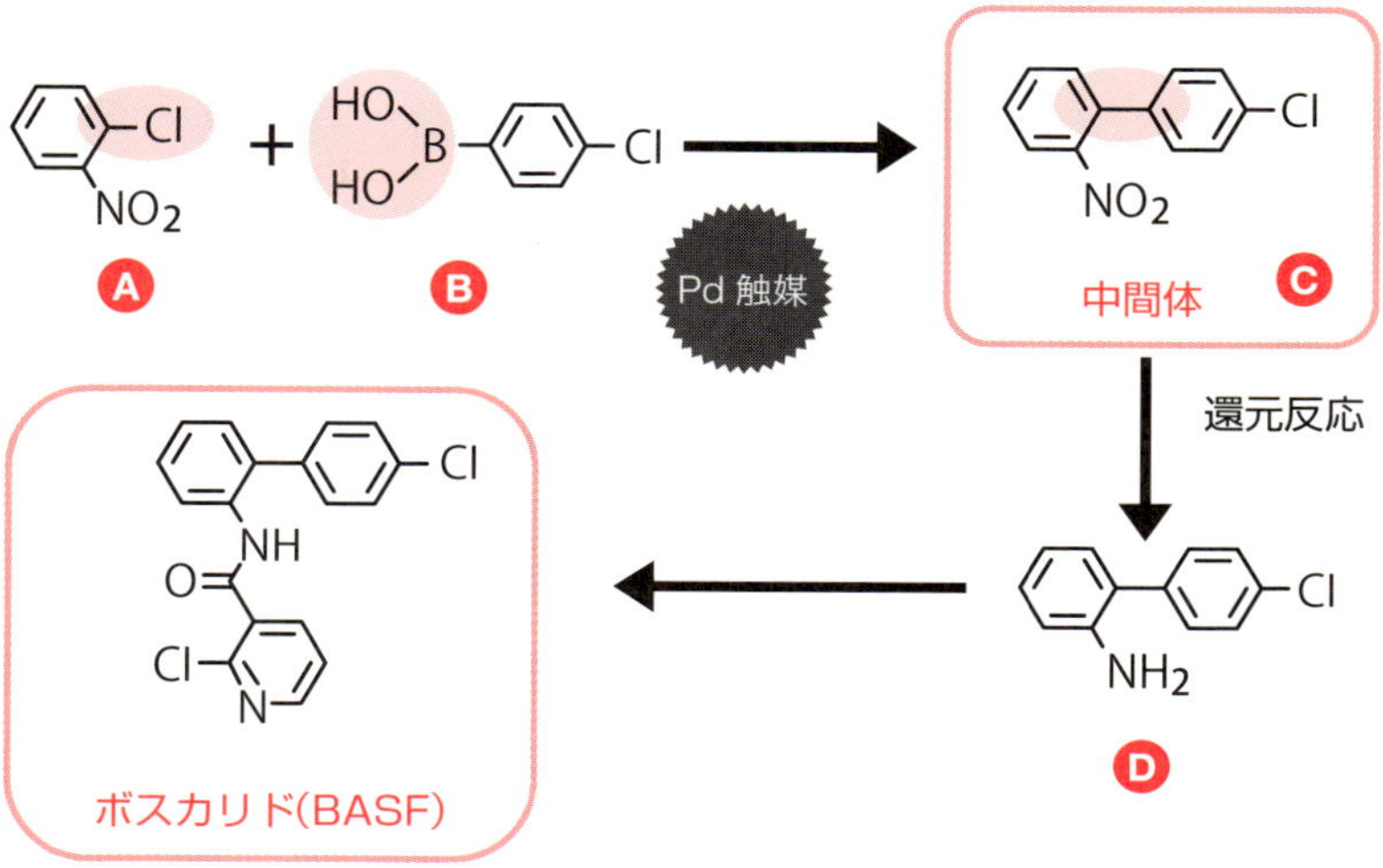

プロスルフロンの合成法（溝呂木-ヘックカップリング反応）

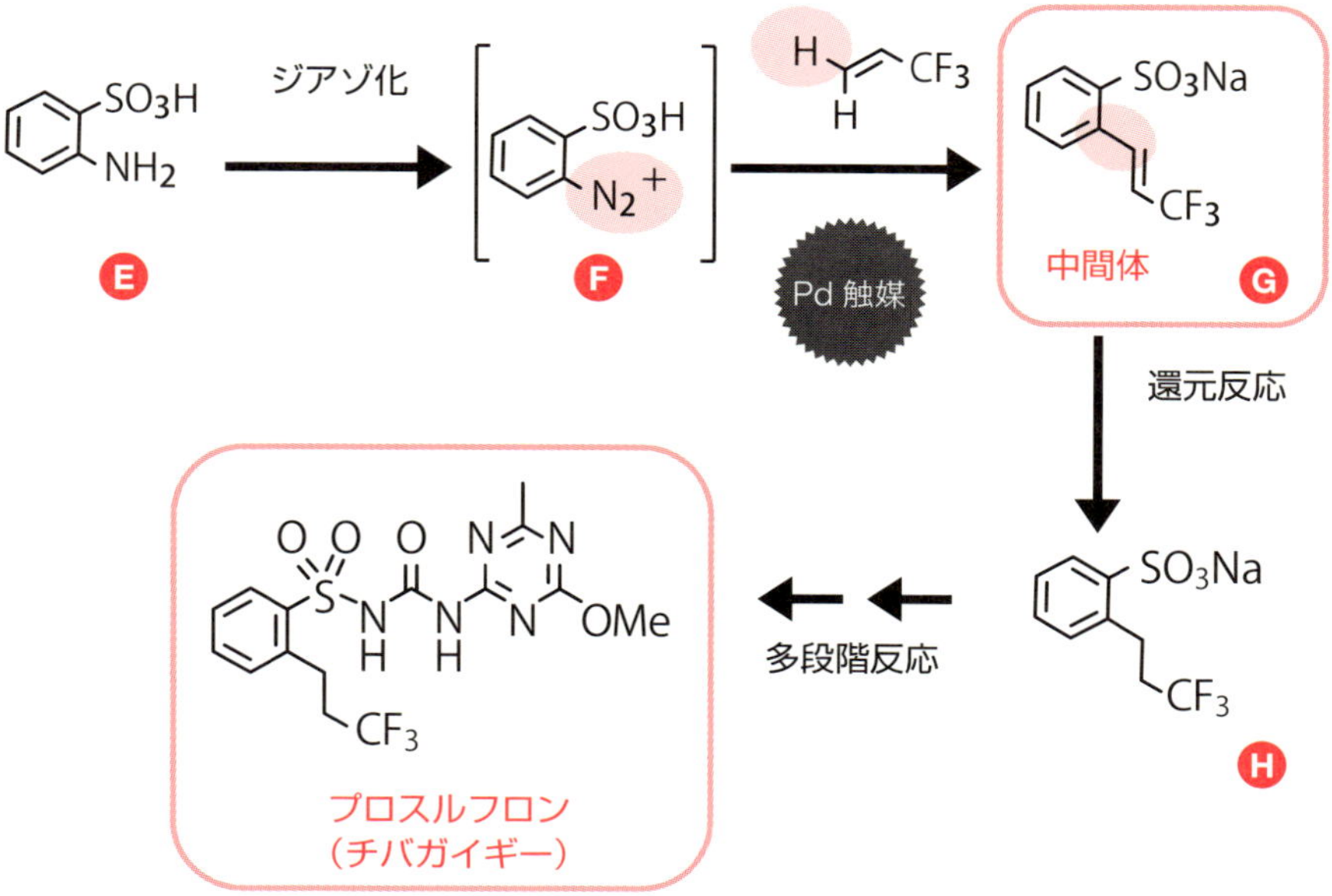

50 医薬品にもクロスカップリング反応

世界中で使用される降圧剤

この項では、高血圧治療薬（降圧剤）におけるクロスカップリング反応の利用について解説します。

現在、高血圧と診断される人は世界で10億人を超えると推定されています。特に、高齢者は2人に1人が高血圧と診断される時代になり、誰もが付き合う可能性がある病気です。高血圧自体は自覚症状がないのが普通ですが、高血圧の状態が長く続くと、動脈硬化が促進され、脳梗塞、脳出血、心筋梗塞、腎不全などの命にかかわる病気を引き起こす危険性があります。現在では、高血圧の症状は、健康診断で容易に見つかるようになったので、早期治療も可能となりました。

高血圧の治療には、降圧剤の服用が有効です。降圧剤には、「カルシウム拮抗剤」、「ACE阻害剤」、「AⅡ受容体拮抗剤（ARB）」など、いくつかの種類があります。最近、最もよく服用されているのが、「AⅡ受容体拮抗剤（ARB）」という薬です。AⅡ（アンジオテンシンⅡ）という物質は、生体内で血管を収縮させ、血圧を上げる働きを引き起こします。ARBは、AⅡの働きを阻害することにより、血管を拡張させ、血圧を下げる働きをする薬です。

ARBの例としては、MSDのロサルタン、ノバルティスのバルサルタン、武田薬品工業のカンデサルタンシレキセチルなどが挙げられます。いずれの薬もクロスカップリング反応を利用して合成されています。降圧剤の分野では、1990年代から、クロスカップリング反応を利用した高性能薬の開発競争が活発化しました。

ARBは、副作用が少なく、その効能が高いことから、降圧剤として広く普及しています。その結果、高血圧と診断されても、降圧剤を適切に服用することにより、健康寿命を大幅に延ばすことが可能となりました。これも全て、クロスカップリング反応のおかげです。

要点BOX

- 高齢化社会では高血圧リスクが増大
- クロスカップリングで合成される降圧剤（AⅡ受容体拮抗剤）が有効な薬

降圧剤（ARB）

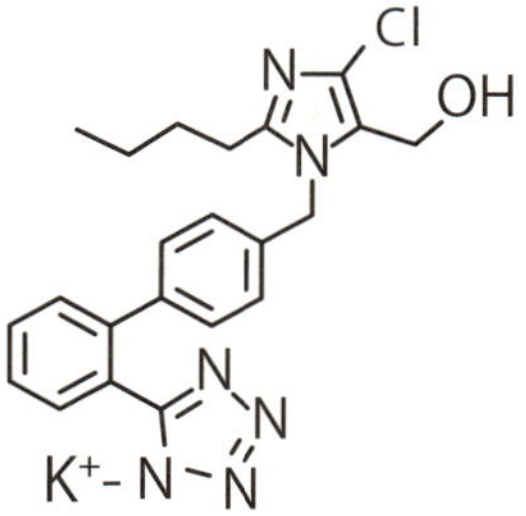

ロサルタン（MSD）

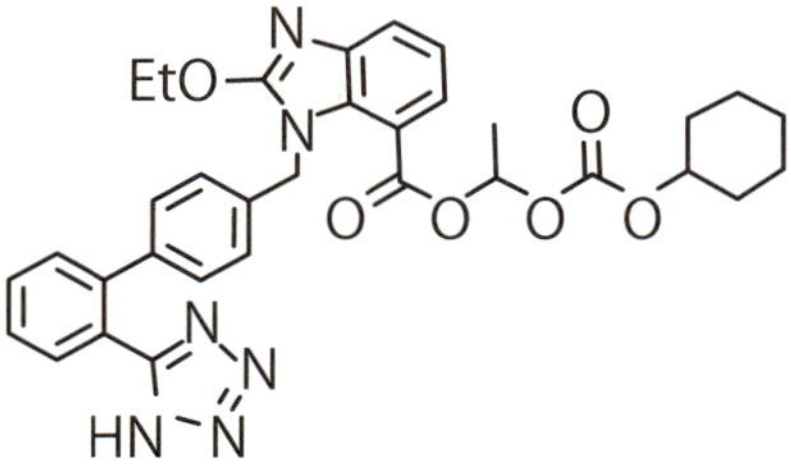

カンデサルタンシレキセチル
（武田薬品工業）

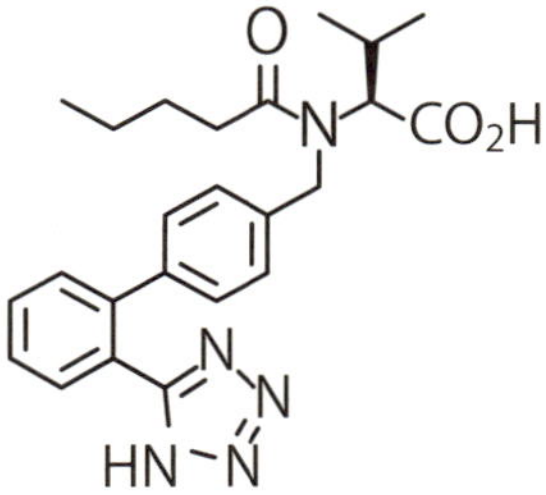

バルサルタン（ノバルティス）

＜作用機構＞
アンジオテンシンⅡ
受容体拮抗薬（ARB）

高血圧患者数

世界	約 10 億人
日本	約 1,000万人

出典：世界保健機関（WHO）2013調査、平成26年患者調査の概況（厚生労働省）

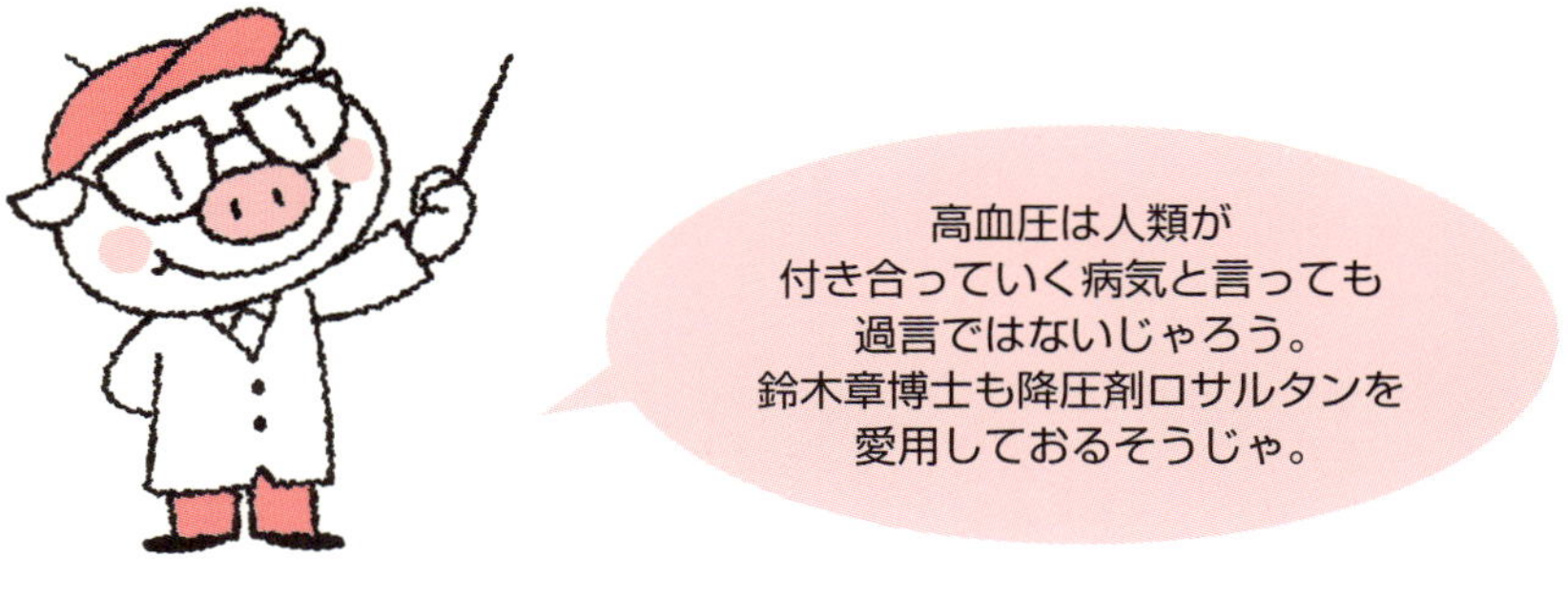
高血圧は人類が
付き合っていく病気と言っても
過言ではないじゃろう。
鈴木章博士も降圧剤ロサルタンを
愛用しておるそうじゃ。

51 医薬品（降圧剤）の合成法

非対称ビフェニル合成の実用化例

ARBにおける、クロスカップリング反応の利用例について解説します。

ロサルタンの合成は、まず多段合成でボロン酸原料（I）とハロゲン原料（J）を準備します。次いで、双方を鈴木・宮浦カップリングさせることで、選択性良く中間体（K）が合成されます。本カップリング工程の収率は90％以上と高いものです。その後、テトラゾール環の脱保護をすることで、最終製品（ロサルタン）に誘導されます。本処方を用い、MSDにおいて年間約1トン以上ものロサルタンが製造されています。また、日本においてはMSD株式会社から、「ニューロタン」の商品名で販売されています。なお、テトラゾール環はカルボン酸と同程度の酸性度を有する官能基です。この特性から、テトラゾール環はカルボン酸の等価体と見なすことが出来、医薬分野においてしばしば使用されます。カルボン酸をテトラゾール環で置き換えると、脂溶性が高まる効果があります。

バルサルタンの合成は、まず、ハロゲン原料（L）とボロン酸原料（M）を鈴木・宮浦カップリングさせてビフェニル中間体（N）に誘導します。次いで、ベンジル位の臭素化で化合物（O）に誘導した後、多段階反応を経て最終製品（バルサルタン）を合成するルートが開示されています。バルサルタンは、「ディオバン」の商品名で販売されています。

ロサルタン及びバルサルタンは、構造が異なるベンゼン環が2つ結合した非対称ビフェニル骨格を有するのが分子構造上の特長です。いずれの場合も、この非対称ビフェニル骨格の構築に鈴木・宮浦クロスカップリング反応が利用されています。医薬品の製造は、安全管理面から特に高純度な品質が要求されます。この観点からも、選択性良く炭素－炭素結合を形成する鈴木・宮浦クロスカップリングは、医薬品製造に大きく貢献しています。

要点BOX

- ●医薬品（降圧剤）の大量合成にも貢献
- ●非対称ビフェニル誘導体の合成はクロスカップリング反応におまかせ

ロサルタンの合成法（鈴木・宮浦カップリング反応）

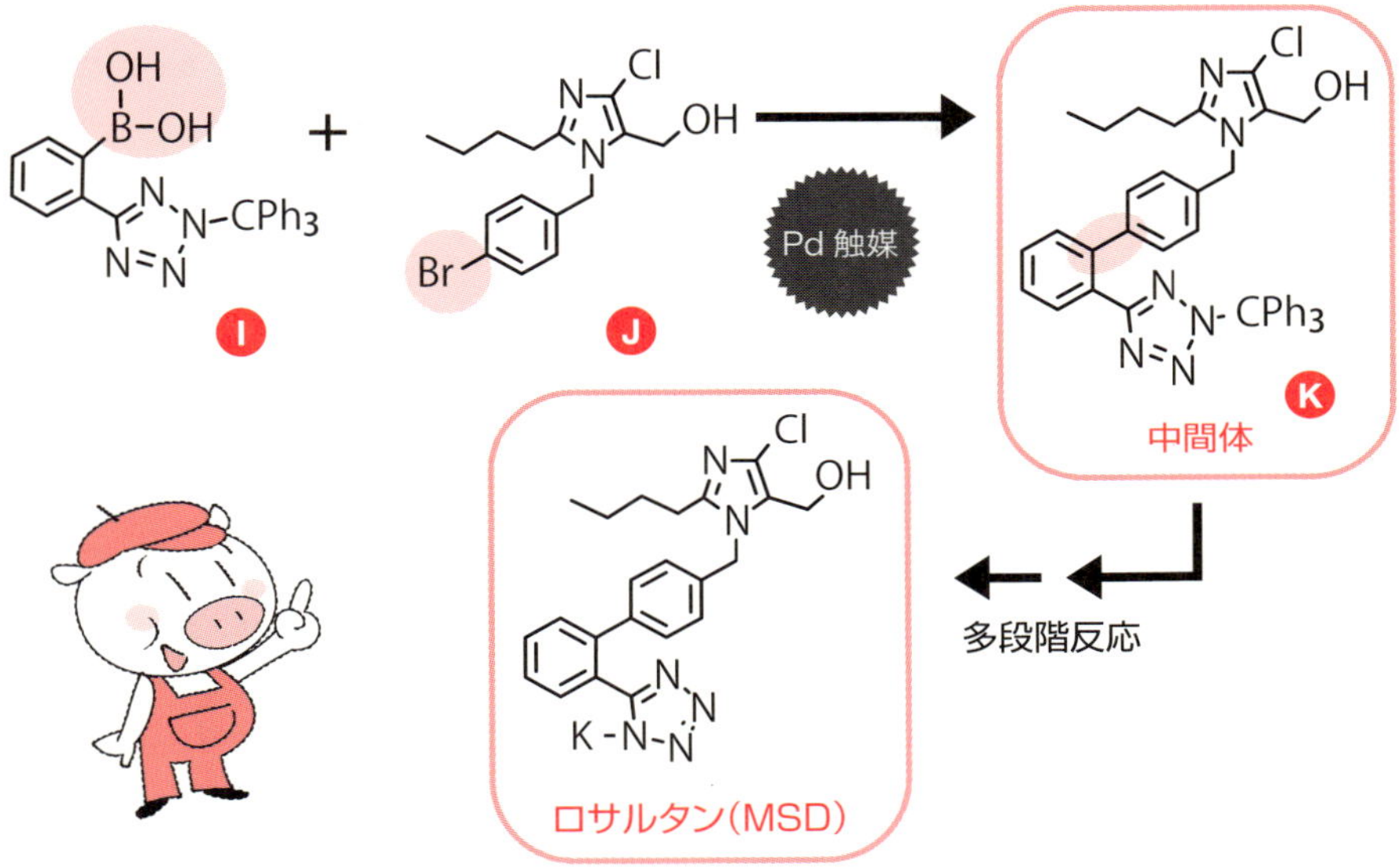

バルサルタンの合成法（鈴木・宮浦カップリング反応）

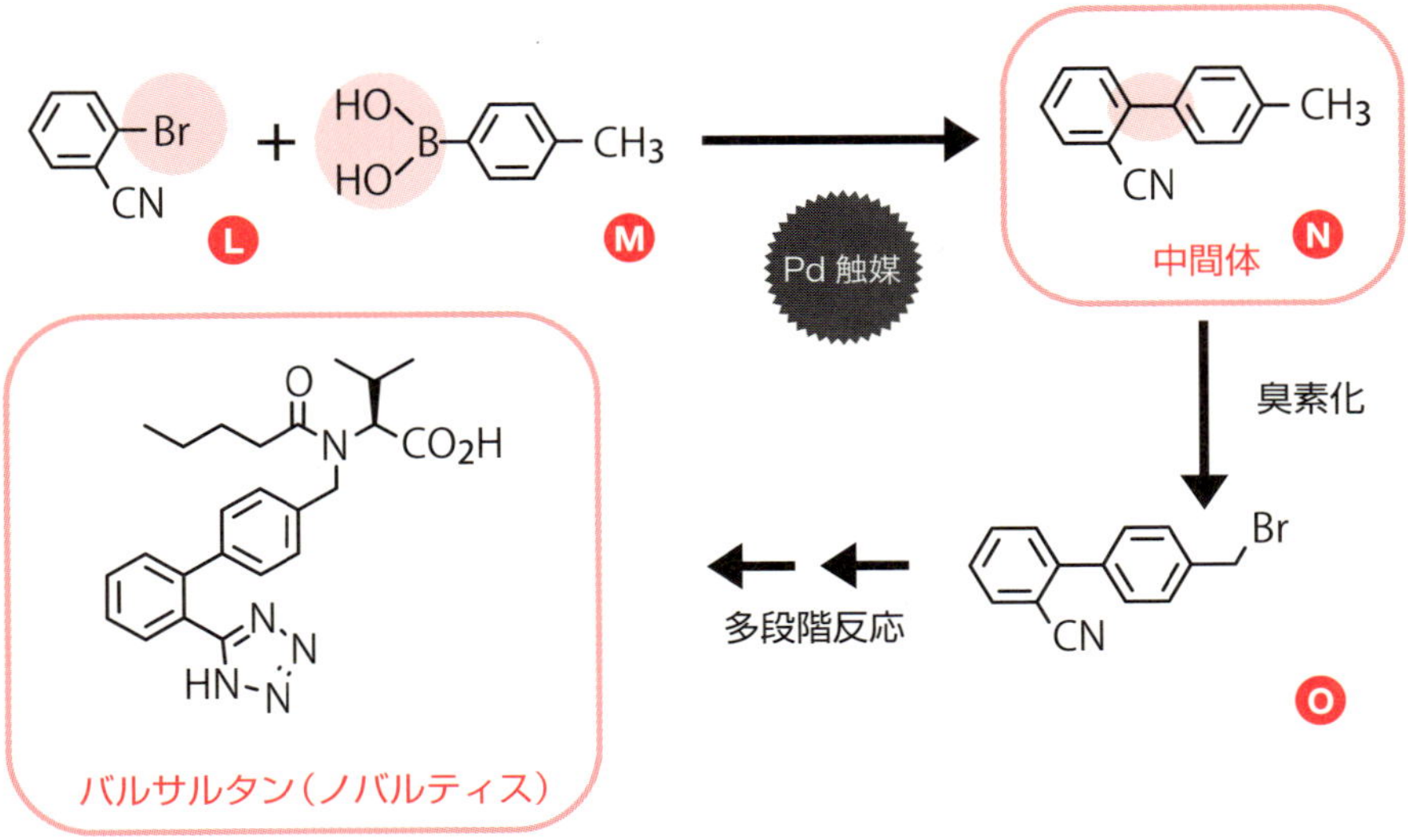

52 難病薬の開発にも使われる

抗HIV剤、抗がん剤への貢献

本項では、難病治療薬（抗HIV剤、抗がん剤）におけるクロスカップリング反応の利用例について解説します。

HIV（ヒト免疫不全ウイルス）は、人の体を守る免疫細胞（リンパ球など）を破壊させるウイルスのことです。人がHIVに感染すると、体内でHIVが増殖し、徐々に免疫細胞が破壊（減少）されていきます。その結果、普段では感染しないような病原体にも感染し易くなり、様々な病気を併発するようになります。この病気の状態をエイズ（後天性免疫不全症候群）と呼びます。

現在、HIVを体内から完全に排除できる治療法はありませんが、抗HIV剤により、HIVウイルスの増殖を抑え、エイズ発症を抑えることができます。抗HIV剤の合成にも、クロスカップリング反応が利用されています。代表例としては、米ブリストル・マイヤーズスクイブが開発したアタザナビルが挙げられます。HIVの陽性患者は、世界中で3340万人と推定されていますが、多くの患者さんが、抗HIV剤の服用により、エイズ発症を抑え、普段通りの生活を続けられるようになってきました。

がん罹患者数は、世界で1400万人、日本で90万人と推定されています。日本では、1981年からがんが死亡原因の1位となっています。

がんの治療には、がん細胞の増殖を抑える抗がん剤が用いられます。しかしながら、従来の抗がん剤は、がん細胞だけでなく、正常な細胞にも作用することから、様々な副作用（白血球減少、脱毛、吐き気など）を引き起こす問題がありました。

最近では、副作用の少ない分子標的治療薬と呼ばれる抗がん剤が開発され、注目を集めています。代表例としては、ノバルティスが開発したイマチニブやニロチニブが挙げられます。これらの薬にもクロスカップリング反応が利用されています。

要点BOX

- 抗HIV剤はエイズ発症を抑える
- 分子標的治療薬が開発され、抗がん剤の副作用も大きく改善

抗HIV剤（HIVプロテアーゼ阻害剤）

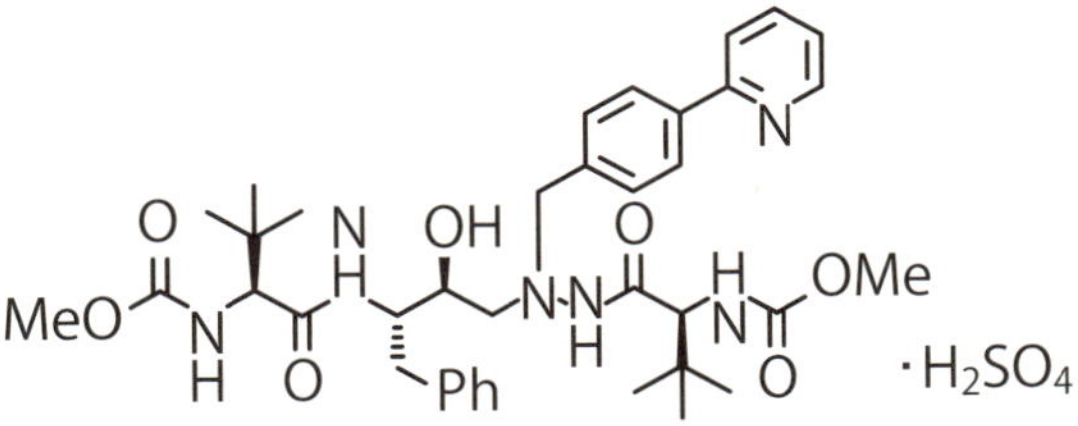

アタザナビル（ブリストル・マイヤーズスクイブ）

抗がん剤（白血病治療薬）

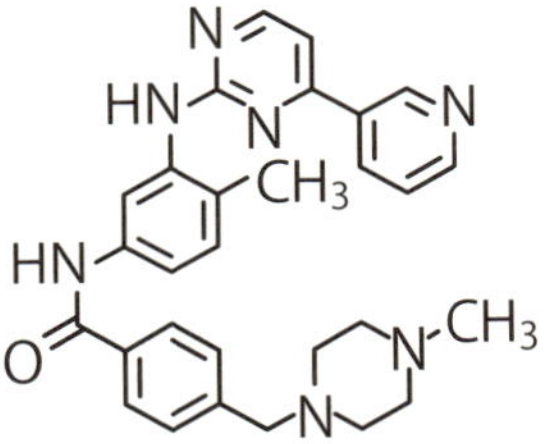

イマチニブ（ノバルティス）

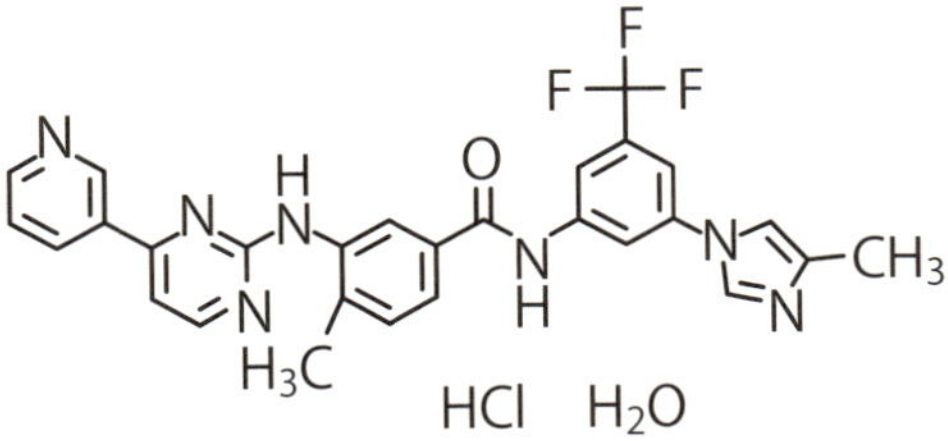

ニロチニブ（ノバルティス）

クロスカップリング反応で
作る結合はどこかな？

HIV陽性感染者数

世界	約 3,340 万人
日本	約 17,000 人

がん罹患数

世界	約 1,400 万人
日本	約 90 万人

出典:世界がん報告書2014（ WHO） 2009年HIV/エイズ最新情報（UNAIDS）

53 難病薬の合成法

創薬化学にも大きく貢献

本項では、クロスカップリング反応を利用した難病治療薬の合成法を具体的に解説します。

ブリストル・マイヤーズスクイブが開発した抗HIV剤・アタザナビルの合成には、鈴木・宮浦カップリング反応が利用されています。まず、ハロゲン原料（Ⓟ）とボロン酸原料（Ⓠ）をカップリングさせて、中間体（Ⓡ）に誘導します。次いで、中間体（Ⓡ）をヒドラジン化して化合物（Ⓢ）に変換した後、多段階反応を経て最終製品（アタザナビル）が合成されます。本薬剤開発では、キー中間体（Ⓡ）を鈴木・宮浦カップリング反応で収率よく合成している点がポイントです。このようにして合成されたアタザナビルは、世界で売上15億ドル（2013年）の薬剤に成長し、多くの人の治療に役立っています。

ノバルティスのイマチニブ（メタンスルホン酸塩として使用）は、商品名「グリベック」で慢性骨髄性白血病の治療薬（飲み薬）として使用されています。従来、慢性骨髄性白血病の治療は化学療法や造血幹細胞移植に頼られていましたが、分子標的治療薬として開発させたイマチニブの登場により、治療法が大きく進展しました。

イマチニブの合成には、炭素-窒素結合を形成するバックワルド・ハートウィグ反応が使用されています。手順としては、まず数ステップの合成を行ってハロゲン原料（Ⓣ）とアミン原料（Ⓤ）をそれぞれ準備します。次いで、双方をカップリング反応させることで最終製品（イマチニブ）を合成する方法が開示されています。最終ステップでクロスカップリング反応が使用されていますが、他の官能基を有する複雑な分子であっても、温和な条件で選択的な結合形成ができるのは、クロスカップリング反応のなせる業といえます。

これら例のように、クロスカップリング反応は創薬化学に欠かせない合成手法となっており、難病薬の開発にも大きく貢献しています。

要点BOX

- ●アタザナビル（抗HIV剤）、イマチニブ（抗がん剤）もクロスカップリングで合成
- ●創薬化学に欠かせない合成手法

アタザナビルの合成法（鈴木・宮浦カップリング反応）

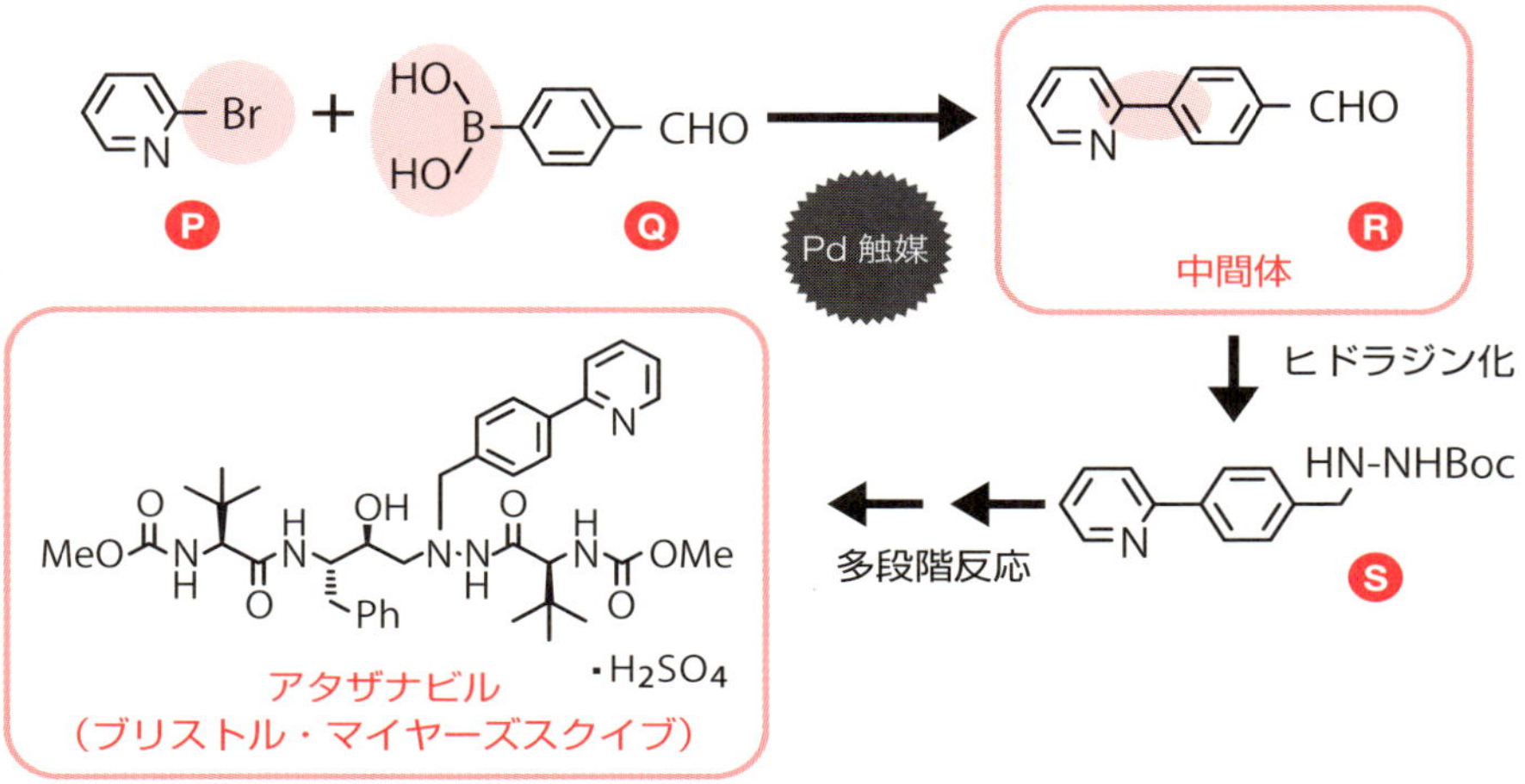

イマチニブの合成法（バックワルド・ハートウィグ反応）

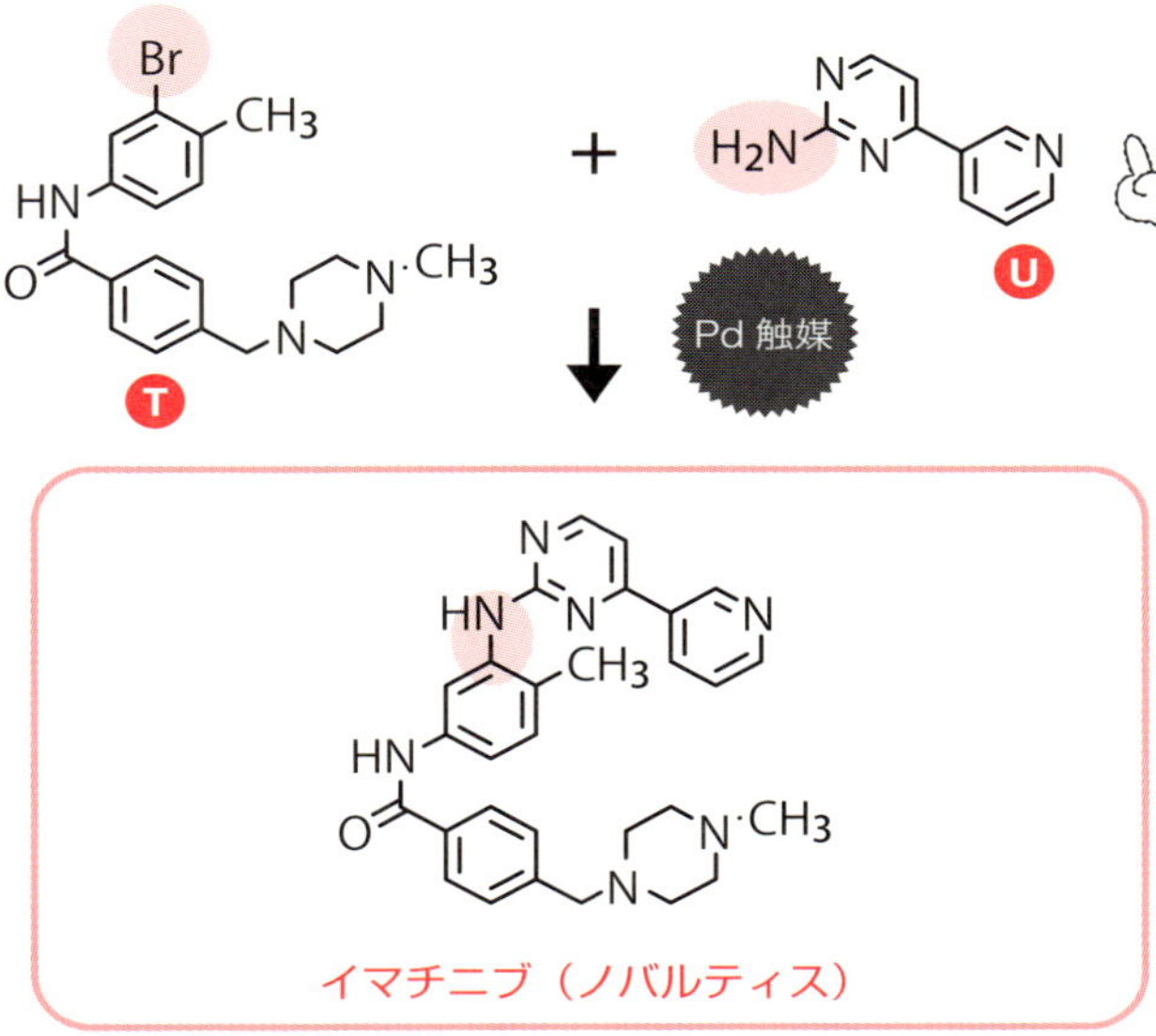

54 診断薬にもクロスカップリング反応

PET診断法の進展

がんは死亡率の高い病気であるため、早期発見・早期治療が重要です。従来のがん検査法（X線撮影や内視鏡検査）では、がんがある程度進行した状態で検査が可能となることから、早期発見に向けた新たな診断法の開発が望まれてきました。

近年、がんの早期発見に有効なPET診断法（陽電子放射断層画像撮影法）と呼ばれる技術が開発され、医療現場に広く普及しています。PET診断法では、がん細胞が正常細胞に比べてブドウ糖が数倍取り込まれやすい性質を利用しています。具体的には、ブドウ糖の一部に身体を透過する光（γ線）を出す$^{18}\mathrm{F}$放射性核種（フッ素18：半減期109・4分）を結合させた［$^{18}\mathrm{F}$］FDGというPET検査薬を静脈に注射して体の全身を撮像します。この［$^{18}\mathrm{F}$］FDGから放出されるγ線を追跡して、コンピューターで［$^{18}\mathrm{F}$］FDGが多く集積している箇所を画像化することで、場合によってはわずか数ミリメートルの非常に小さながんまで見つけ出すことも可能になりました。

一方、有機化合物は炭素原子を基本骨格として構成されていることから、その同位体元素として$^{11}\mathrm{C}$放射性核種（炭素11：半減期20・4分）を利用したPET検査薬のニーズが高まっています。しかしながら、$^{11}\mathrm{C}$の半減期はわずか20分なので、PET検査薬の迅速合成法の開発が必要となります。

最近、理化学研究所（土居博士）らの研究グループを中心に、クロスカップリング反応を利用した「高速*C*-［$^{11}\mathrm{C}$］メチル化反応（反応時間わずか5分）」が開発され注目を集めています。本技術を利用すれば、様々な$^{11}\mathrm{C}$型PET検査薬の合成が可能となります。

PET検査薬の投与量はナノグラム程度と極微量なので、薬効や副作用が出ることは無く、また放射線被曝はわずかなので生体への影響はありません。現在、PET法は創薬研究や病気の診断に向けた臨床研究でも利用が始まっています。

要点BOX
- ●PET診断法はがん検査法として実用化
- ●PET法の利用拡大のためには$^{11}\mathrm{C}$型PET検査薬の開発が重要

PET検査の流れ

PET 検査薬（標識化合物）

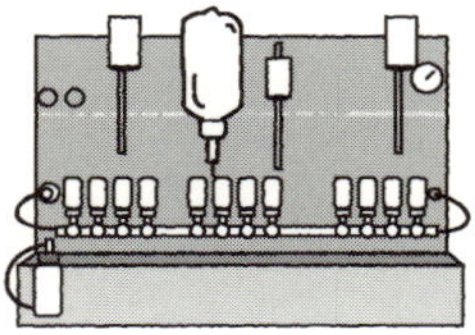

標識化合物の合成（遠隔操作型合成装置）

投与

検査薬の注射

画像診断

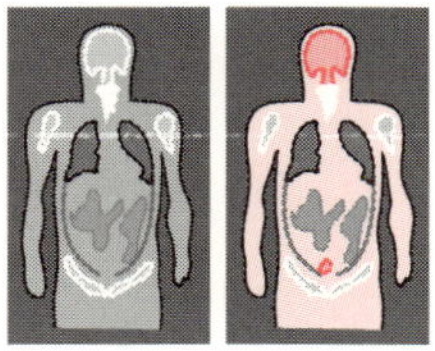

PET-CT
スキャン分析

PET検査薬（^{11}C-標識化合物）

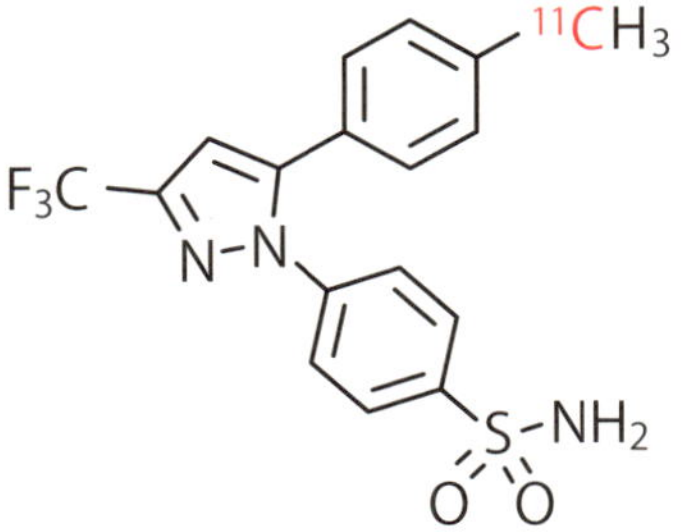

^{11}C-標識セレコキシブ（理化学研究所）

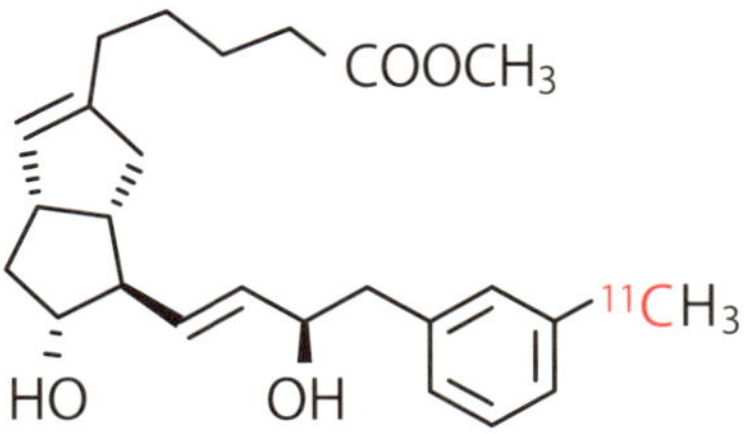

^{11}C-標識15*R*-TIC（理化学研究所）

結合力の強い炭素－炭素で
^{11}C 標識メチル基を導入している点が
ポイントじゃぞ。生体内で代謝分解を
受けにくいから、標識化合物をしっかりと
追跡・観測できるのじゃ。

用語解説

PET：陽電子断層撮影法（Positron Emission Tomography）の略称

55 PET検査薬の合成法

合成は時間との闘い！

PET検査薬は、半減期の短い放射性同位元素で標識されているため、作り置きができません。このため、PET検査薬はその都度、化学合成したものを診断に使用します。なかでも、^{11}Cの半減期は約20分と短いため、^{11}C型PET検査薬の合成は、反応・精製・調剤を1時間以内で行う必要があります。反応に使える時間はわずか5分程度です。最近、理化学研究所（土居博士）らの研究グループは、クロスカップリング反応を利用して5分以内で終結する「高速*C*－[^{11}C]メチル化反応」を開発し、数多くの^{11}C型PET検査薬の合成に成功しています。

例えば、セレコキシブは、非ステロイド性消炎・鎮痛剤として使われています。先の研究グループらは、このセレコキシブの^{11}C－標識体の合成にチャレンジし、ボロン酸エステル中間体Ⓥと標識原料である[^{11}C]ヨウ化メチルを用いた鈴木・宮浦カップリング反応を応用することで、目的の^{11}C－標識体の迅速合成を実現しました。

PETを活用した創薬研究も活発化しています。例えば、中枢型プロスタサイクリン受容体に結合する15*R*－TICは、鈴木正昭博士・渡辺恭良博士・野依良治博士らによって開発されました。この15*R*－TICの^{11}C－標識体を用いることで、世界で初めてヒト脳内のIP2受容体の画像化（PETイメージング）が実現しました。実は、^{11}C－標識15*R*－TICの迅速合成は、有機スズ中間体Ⓦと[^{11}C]ヨウ化メチルを用いた右田・小杉・スティルカップリングを応用することで達成されました。この迅速合成では、触媒系（パラジウム＋銅）の最適化が鍵となっています。

このように、クロスカップリング反応を利用することにより、^{11}C型PET検査薬の迅速合成が可能となりました。現在、診断研究、臨床研究、創薬研究などの分野で^{11}C型PET検査薬を用いた研究開発が活発に行われています。

要点BOX

- PET検査薬は作り置きができない
- ^{11}C型PET検査薬の迅速合成はクロスカップリング反応で実現

高速*C*-[11C]メチル化法（鈴木・宮浦カップリング反応）

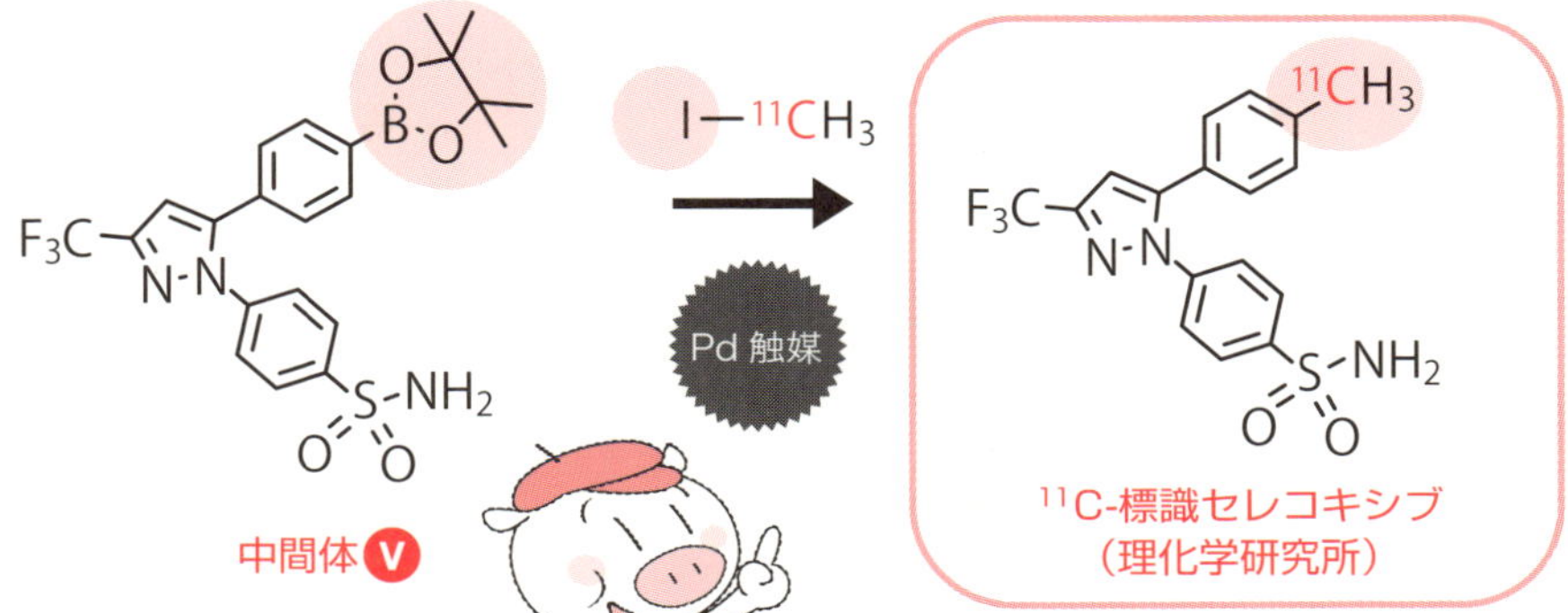

高速*C*-[11C]メチル化法（右田・小杉・スティルカップリング反応）

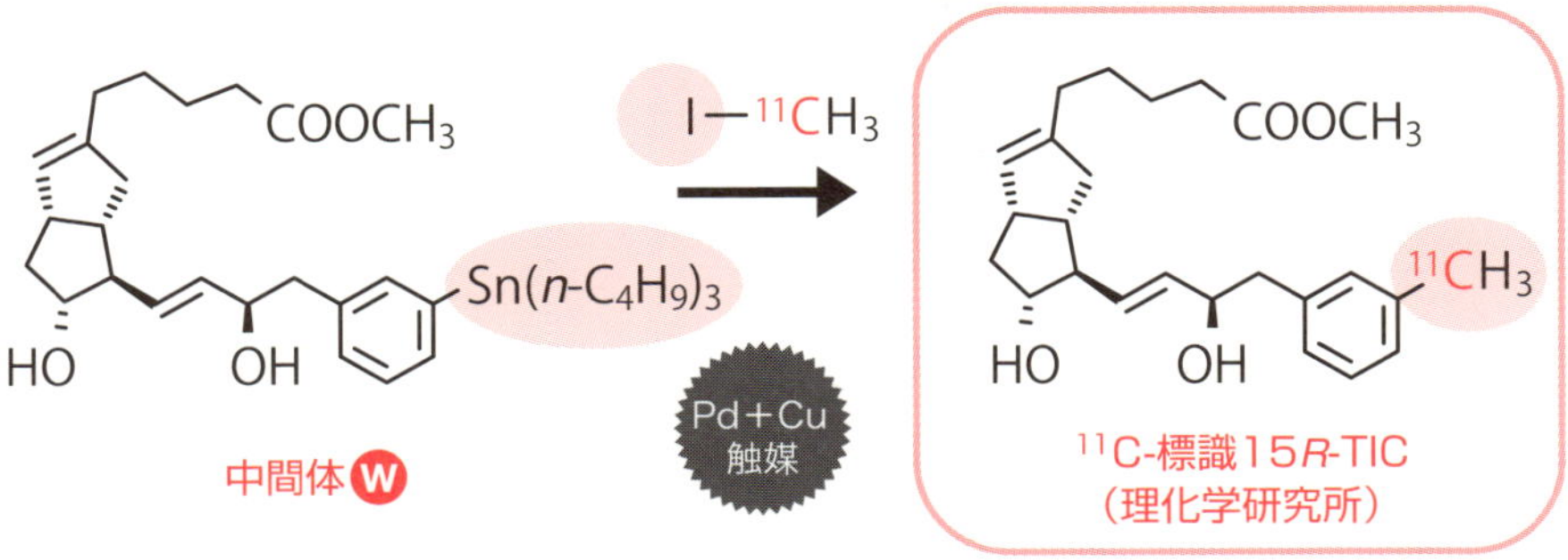

11C-標識化合物の合成（標識合成化学）は、こんなにも大変!

合成方法	基質濃度	反応時間	実験作業
通常の 有機合成化学	mMレベル （反応が進みやすい）	数時間 （時間制限なし）	フラスコ （人が作業）
標識合成化学	μMレベル ※ （極めて希薄のため 反応が進みにくい）	≦5分 （時間制限あり）	遠隔操作型 合成装置 （機械が作業）

※11C-標識剤の濃度

56 蛍光色素にもクロスカップリング反応

生体分子の解析に蛍光色素が活躍

本項では、蛍光色素におけるクロスカップリング反応の役割について解説します。

蛍光色素は、生体分子等との相互作用に起因する発光を利用して、細胞等の状態を分析・観測するために用いられます。一般的に、蛍光色素の構造的特徴はπ共役を拡張した芳香族化合物です。最近では、色素の高機能化を目的として、いくつかの(ヘテロ)芳香環を連結した特殊構造が特に増えてきました。従来、このような連結芳香族化合物の合成は多段階の反応ステップが必要であり、かつ合成できる化学構造についても極めて限定されていました。

炭素-炭素結合を自由に形成するクロスカップリング反応の登場によって、様々な置換様式の芳香族有機化合物が容易に合成できるようになりました。この結果、分子設計の幅が大きく広がり、機能性分子の研究開発は飛躍的に進歩しています。蛍光色素の合成においても、至る所でクロスカップリング反応が利用されています。

「POLARIC」及びボロンジピロメテン化合物は、北海道大学の山田博士らによって開発された機能性蛍光色素です。POLARICは細胞染色用に用いられ、脂質の不飽和度やコレステロールの含有量によって発光波長が変化する特長を有しています。五稜化薬等から、POLARICはすでに販売されています。また、ボロンジピロメテン化合物は、ピリジル基が補捉するイオン種によって発光波長が変化する特性を有するため、重金属イオンセンサーへの応用が期待されています。

名古屋大学の山口博士らによって開発された「C-Naphox」は、強力なレーザー光の照射(高解像度分析)にも高い耐久性がある蛍光色素です。従来色素では非常に難しい長時間かつ超解像蛍光分析の実現に繋がる技術として、近年大きな注目を集めています。

要点BOX

- ●π共役系の芳香族化合物は蛍光色素にも利用
- ●クロスカップリング技術の進歩により、分子設計の幅が大きく広がった

細胞染色用蛍光色素

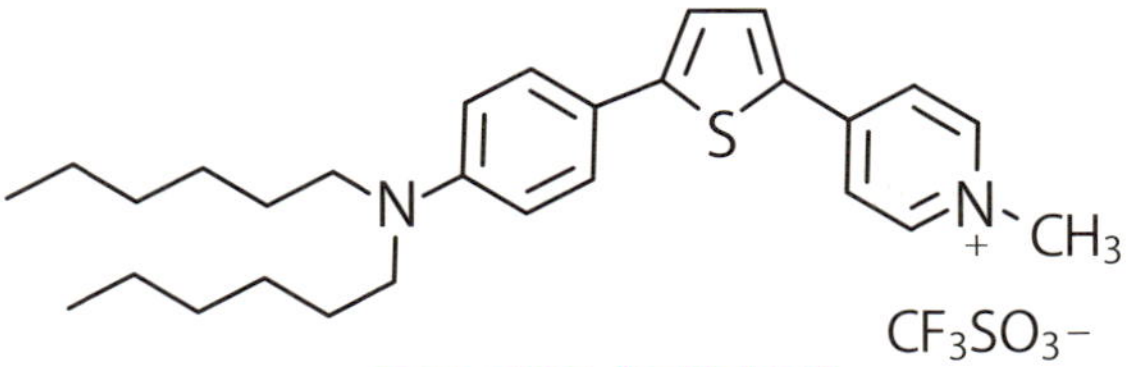

POLARIC（五稜化薬）

脂質の不飽和度や
コレステロールの含有量によって
発光が変化することを利用して、
細胞観測に用いられるよ

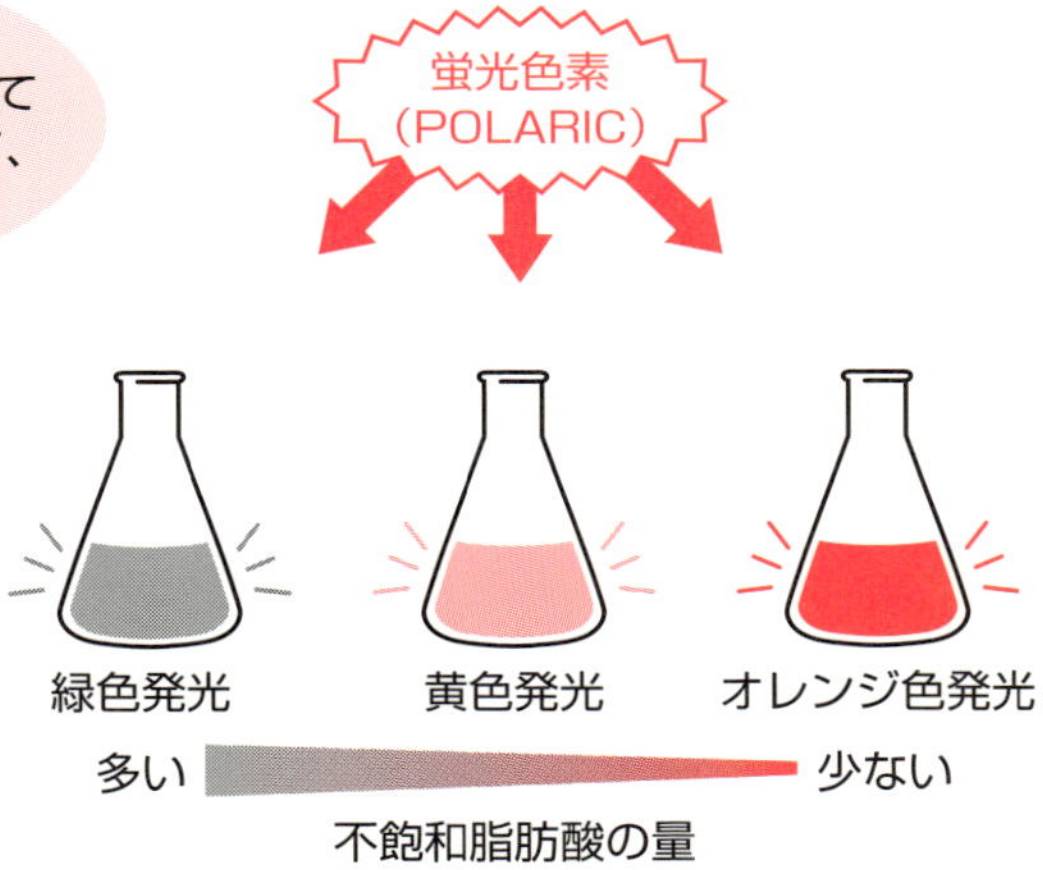
蛍光色素
（POLARIC）
緑色発光
黄色発光
オレンジ色発光
多い
少ない
不飽和脂肪酸の量

金属イオンセンサー用蛍光色素

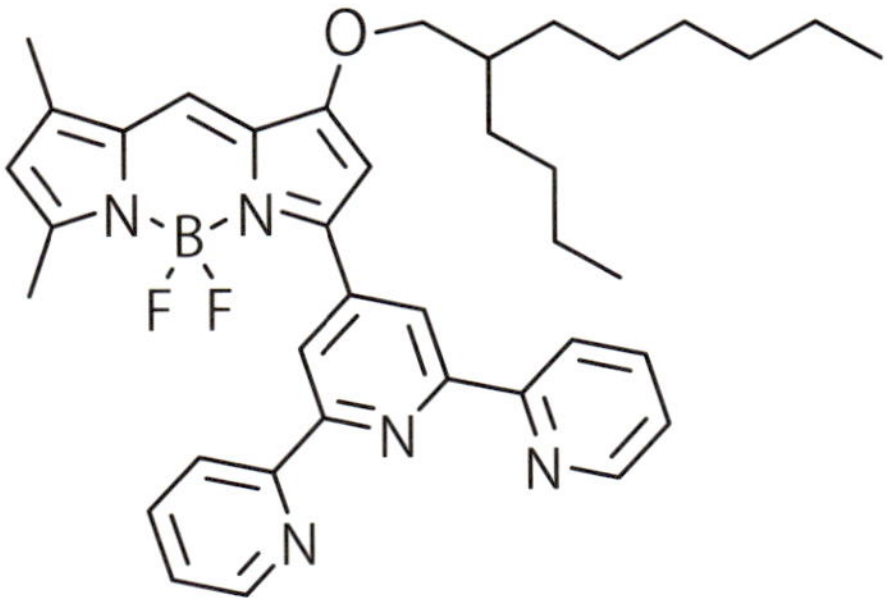

ボロンジピロメテン誘導体
（北海道大学）

超耐光性蛍光色素

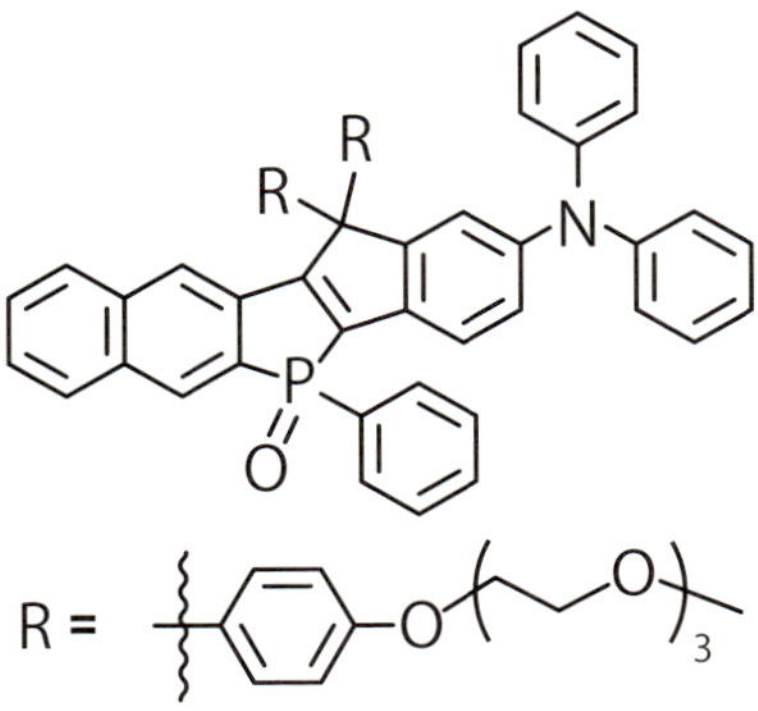

C-Naphox
（名古屋大学）

57 蛍光色素の合成法

高機能な蛍光色素開発に貢献

蛍光色素におけるクロスカップリング反応の応用について説明します。

「POLARIC」はソルバトクロミック蛍光色素として用いられ、脂質の不飽和度やコレステロールの含有量によって発光波長が変化することが特長です。この性質を利用して、細胞膜の状態を発光波長の変化として観測する手法に利用されています。POLARICの合成には、2段階の鈴木・宮浦カップリングが利用されています。具体的には、チオフェンジボロン酸原料（Y）に対して、ハロゲン原料（X）及び（Z）を段階的にカップリングさせて中間体（AA）を合成し、次いでピリジン窒素を4級化する手順が開示されています。本手順の優れた点は、異なる置換基を別々に合成し、それぞれ、チオフェン母核に順次導入出来る点です。また、ピリジル基の窒素原子は4級化することで用途に応じた置換基を導入できます。

一般的な蛍光色素は、強力なレーザー光の照射（高解像度分析）に長時間耐えることができず、色素が褪色して解析が困難になるという課題がありました。

「C-Naphox」は、強力なレーザー光にも耐えうる超耐光性色素として提案されており、生命現象を高精度に観測する新たなツールとして期待されています。注目すべき点の一つは、リン原子と炭素原子で橋かけした特殊な分子設計にあります。C-Naphoxの合成には、連続したクロスカップリングを行う方法が開示されています。まず始めにバックワルド・ハートウィグ反応により、アミン原料（AB）とハロゲン原料（AC）からトリアリールアミン化合物（AD）を合成します。次いで、2段階の薗頭カップリング反応にて、三重結合を有するトリアリールアミン化合物（AE）を合成し、更に多段階反応を経て、C-Naphoxが合成されます。

このように、クロスカップリング反応は、高機能な蛍光色素合成にも貢献し、関連分野を発展させています。

要点BOX

- 蛍光色素もクロスカップリングで合成
- 複雑な連結芳香族化合物の合成は、クロスカップリング反応を使いこなすことで実現

POLARICの合成法（鈴木・宮浦カップリング反応）

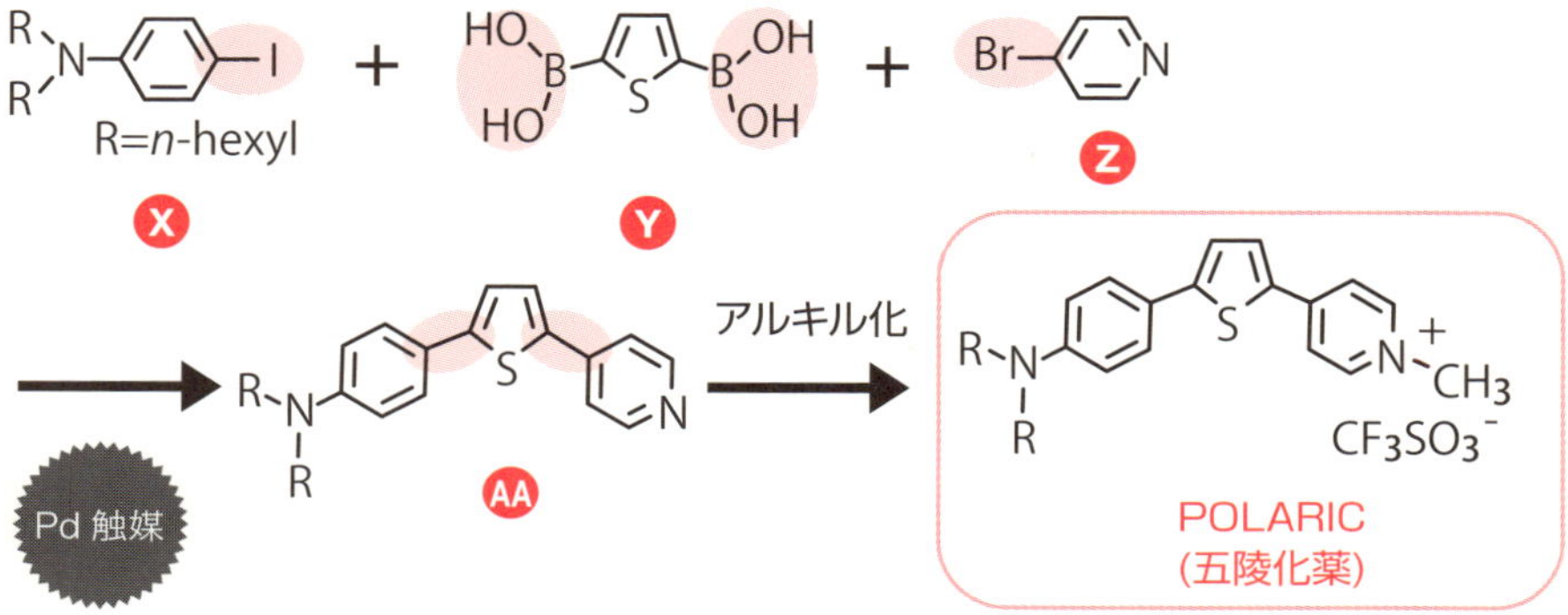

C-Naphoxの合成法（バックワルド・ハートウィグ反応、薗頭カップリング反応）

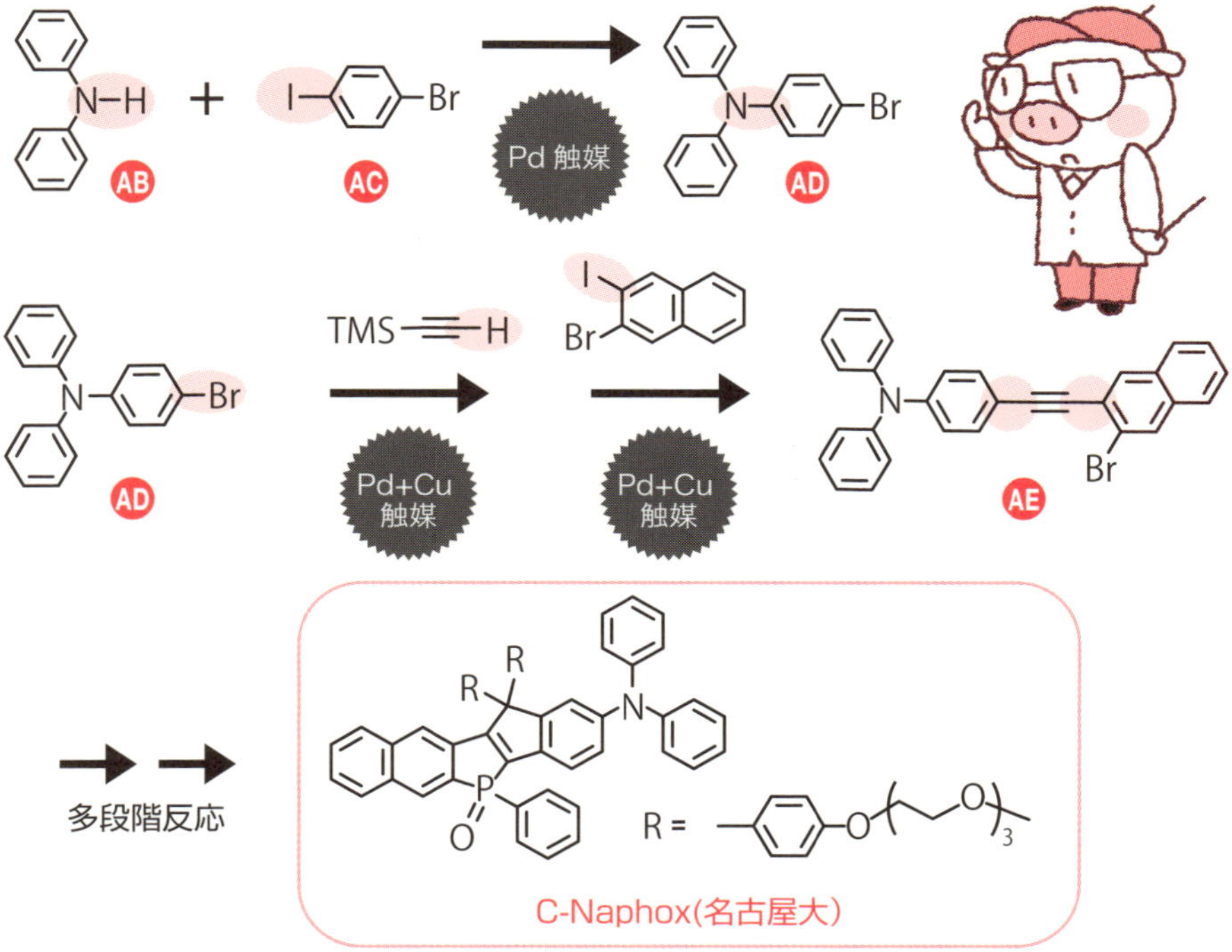

用語解説

ソルバトクロミック蛍光色素：溶媒の極性によって発光波長が変化する蛍光色素のこと

Column

クロスカップリング反応のスケールアップ

5章及び6章では、クロスカップリング反応で合成される有機化合物に焦点を当てて解説してきました。ここでは、その研究開発から大量生産に至るまでのステージを3つに分け、主に反応スケール(規模の大きさ)について解説します。

最初の段階であるステージ1は、多くの誘導体合成を行って、その中から目的に見合った有用化合物を見つける段階です。多くの場合、実験室(ラボ)で検討されることから、ラボスケールと言われます。通常、数100mLのガラス反応器(フラスコ等)を使って、1回の合成で数g程度の合成品が得られます。開発品目によって差はありますが、次のステージ2に進める材料は非常に少なく、5%にも満たないと言われています。

ステージ2は工業生産の一歩手前といった段階で、ベンチスケールあるいはパイロットスケールと呼ばれたりします。この段階では、生産管理の策定(温度、圧力、時間、pH等)、廃棄物処理、製品の品質確認など、様々な点に注意を払い、各種データを取得し、ステージ3に向けて準備をします。

ステージ3は工業生産の段階で、この規模になるとプラントスケールと言われます。反応器はガラス容器でなく、ステンレスやグラスライニング加工された反応器が用いられます。クロスカップリング反応の代表化合物である液晶材料や医農薬品は、実際にこの規模で生産されています。

	ステージ1(ラボスケール)	スケールアップ(100倍)→ ステージ2(ベンチケール)	スケールアップ(100倍)→ ステージ3(プラントスケール)
反応器の大きさ	100mL~1L 	10L~100L 	1,000L~10,000L 
生産規模	~100g	~10kg	~1,000kg

第7章

クロスカップリング反応を支える企業群

58 どんな企業が支えているのかな？

クロスカップリング反応の工業化

液晶テレビや医薬品など、日々の暮らしのあらゆるところで、クロスカップリング反応を活用した製品が使用されています。華々しい製品開発の舞台裏では、多くの企業がその工業生産を支えています。この章では、クロスカップリング用原料や生産技術に目を向けて解説します。

クロスカップリング反応の主要原料は、ハロゲン化合物、有機金属化合物、金属触媒の3つに大別されます。ハロゲン化合物は、文字通りハロゲンを含有する化合物であり、その供給にはハロゲン（塩素、臭素、ヨウ素）メーカーが関与しています。電子材料や医薬品等の製造には、特に高純度なハロゲン化合物が必要とされますが、本分野は、東ソー有機化学、マナック等の企業が支えています。

有機金属化合物は、金属-炭素結合を有する有機化合物で、グリニャール試薬、ボロン酸化合物、有機亜鉛試薬等が挙げられます。中でも、鈴木・宮浦カップリングに使用されるボロン酸化合物は多種の化合物が製造・販売されています。最近では、ボロン酸に保護基を導入した特殊試薬も販売されるようになってきました。有機金属化合物は、北興化学工業、東ソー・ファインケム、和光純薬工業、シグマアルドリッチジャパン等の企業が支えています。

クロスカップリング用の金属触媒は、パラジウム触媒、ニッケル触媒、鉄触媒等が挙げられます。特に、高活性なパラジウム触媒の品揃えが拡充しており、ジョンソン・マッセイ・ジャパン、ユミコアジャパン等の企業が支えています。

クロスカップリング反応の工業生産に際しては、効率的に反応を進行させる技術や、製品中から微量不純物（金属、有機物、溶媒）を効率的に除去する精製技術が必要であり、この分野は、広栄化学工業、住友化学、東ソー、オルガノ、ナード研究所、神戸天然物化学等の企業が支えています。

要点BOX

- クロスカップリングではハロゲン化合物、有機金属化合物、金属触媒が三大原料
- 工業生産には反応技術、精製技術も重要

クロスカップリング反応を支える企業群

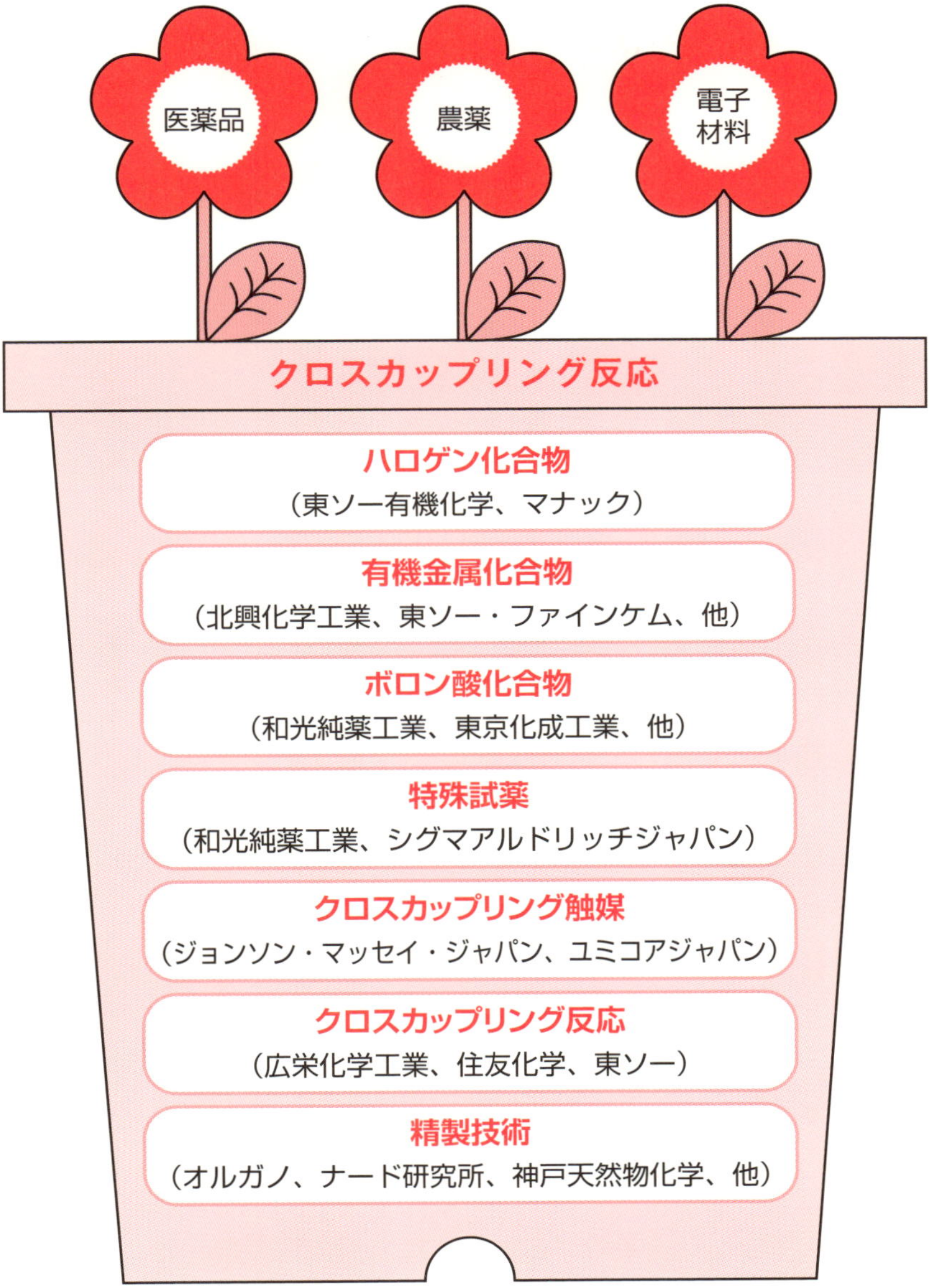
医薬品
農薬
電子
材料
クロスカップリング反応
ハロゲン化合物
（東ソー有機化学、マナック）
有機金属化合物
（北興化学工業、東ソー・ファインケム、他）
ボロン酸化合物
（和光純薬工業、東京化成工業、他）
特殊試薬
（和光純薬工業、シグマアルドリッチジャパン）
クロスカップリング触媒
（ジョンソン・マッセイ・ジャパン、ユミコアジャパン）
クロスカップリング反応
（広栄化学工業、住友化学、東ソー）
精製技術
（オルガノ、ナード研究所、神戸天然物化学、他）

59 ハロゲン化合物ならおまかせ!

主役はハロゲン化合物

クロスカップリング反応では、選択的に異種分子を炭素-炭素で結合形成することができます。高純度な生成物を得るためには、原料として用いるハロゲン化合物、有機金属化合物の品質がとても重要です。本項では、ハロゲン化合物について解説します。

ハロゲン化合物は、多くの場合において有機金属化合物の原料にもなることから、クロスカップリング反応において最も重要な出発物質です。特に電子材料や医薬品の合成には、高純度なハロゲン化合物が求められます。この理由としては、例えば構造異性体のハロゲン化合物が含まれると、クロスカップリング反応で製造する製品にも構造異性体不純物が混入することになり、再結晶や蒸留等の精製操作では除去することが困難になるためです。

ハロゲン化合物は、その構造から、脂肪族ハロゲン化合物と芳香族ハロゲン化合物に大別できます。

高純度な脂肪族ハロゲン化合物は、医薬品や液晶材料の合成用途で高いニーズがあります。代表的な供給メーカーとしては、東ソー有機化学が挙げられます。東ソー有機化学は、高度なハロゲン化反応技術と蒸留精製技術を活用して、高純度なモノブロモアルキル化合物、ジブロモアルキル化合物等の多彩な化合物を提供しています。

高純度な芳香族ハロゲン化合物は、医薬品に加えて、液晶材料や有機ＥＬ材料の合成用途で需要があります。代表的な供給メーカーとしては、マナックが挙げられます。マナックは、高度なハロゲン化反応技術と晶析精製技術を活用して、高純度な芳香族ハロゲン化合物を提供しています。

最近では、有機ＥＬ材料用途を中心に、クロスカップリングの反応性が高いヨード化合物のニーズが高まっています。マナックが提供する高純度なヨード化合物は、有機ＥＬ材料の工業生産に大きく貢献しています。

要点BOX

- ●ハロゲン化合物はクロスカップリング反応の最重要原料
- ●有機EL用途でヨード化合物のニーズ増大

ハロゲン化合物は最初の出発原料

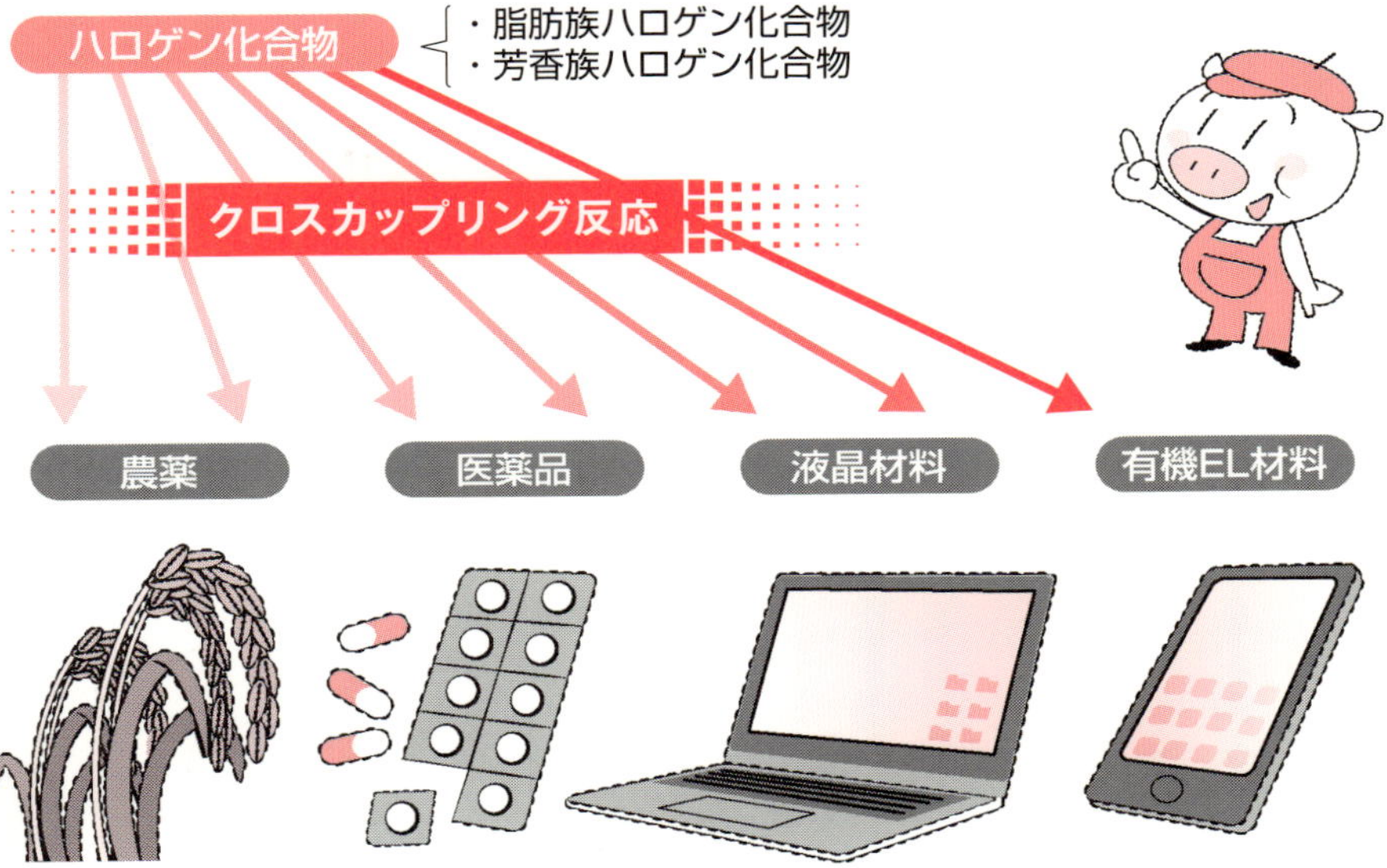

脂肪族ハロゲン化合物（東ソー有機化学）

1-ブロモブタン　2-ブロモブタン　ジブロモアルキル化合物

芳香族ハロゲン化合物（マナック）

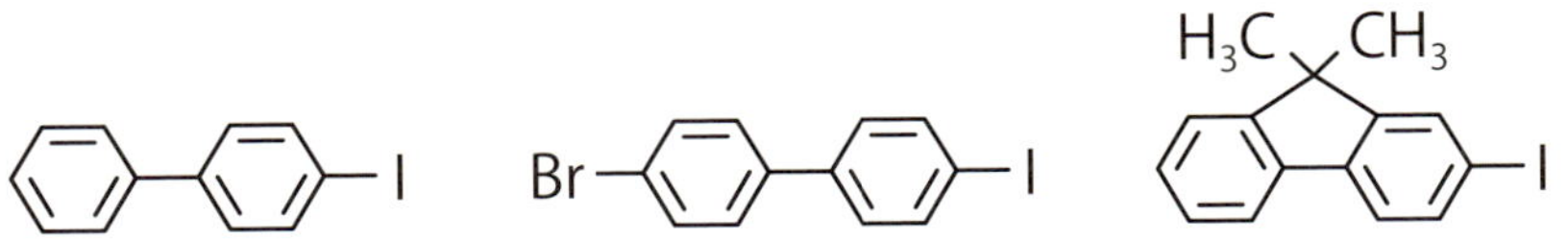

4-ヨード ビフェニル　4-ヨード-4'-ブロモ ビフェニル　2-ヨード-9, 9-ジメチル フルオレン

記載の化合物は、各社HP・技術資料から抜粋

用語解説

構造異性体：組成式は同じだが、原子の結合関係が異なる分子のこと。例えばジクロロベンゼン（組成式：$C_6H_4Cl_2$）は3つの構造異性体（オルト体、メタ体、パラ体）がある

60 有機金属化合物ならおまかせ！

相手役は有機金属化合物

この項では、クロスカップリング反応に用いられる有機金属化合物について解説します。

有機金属化合物の中で、最も基本的な化合物が、有機マグネシウム化合物のグリニャール試薬です。1900年に、フランスの化学者ヴィクトル・グリニャールによって発見されたことから、その名前が付きました。グリニャール試薬を用いるクロスカップリング反応は、熊田・玉尾・コリューカップリング反応と呼ばれ、医薬品やレジスト材料等の製造に使用されています。クロスカップリング反応では、その他の有機金属化合物（有機亜鉛試薬やボロン酸）も使用されますが、これら有機金属化合物もグリニャール試薬から調製できます。グリニャール試薬の代表的な供給メーカーとしては、北興化学工業が挙げられます。北興化学工業では、市場ニーズに対応したグリニャール試薬を多数ラインアップしています。

有機金属化合物としては、有機リチウム試薬も重要です。クロスカップリング反応にも、有機リチウム試薬を使用することが可能です（村橋カップリング反応）。しかし、工業的には、有機リチウム試薬は、鈴木・宮浦カップリング反応で用いられるボロン酸化合物の調製試薬として多用されています。有機リチウム試薬の代表的な供給メーカーとしては、東ソー・ファインケムが挙げられます。

近年、医農薬や電子材料の用途で、トリフルオロメチル基（CF_3）の利用検討が活発化しています。従来、有機化合物のトリフルオロメチル化反応は、特殊試薬（特殊反応条件）を必要とし、実用的ではありませんでした。最近、ルパート試薬（トリフルオロメチルトリメチルシラン）を用いるクロスカップリング反応が開発され、有機化合物へのトリフルオロメチル化が容易となりました。ルパート試薬の代表的な供給メーカーとしては、東ソー・エフテックが挙げられます。

要点BOX

- グリニャール試薬が有機金属化合物の代表
- 有機リチウム化合物やルパート試薬も工業的利用が進んでいる

相手役は有機金属化合物

有機金属化合物の金属種と対応する反応名

金属の種類	反応名
マグネシウム	熊田・玉尾・コリュー反応
リチウム	村橋反応
亜鉛	根岸反応
スズ	右田・小杉・スティレ反応
ホウ素	鈴木・宮浦反応

有機金属化合物とは、
炭素と金属の結合を持つ
化合物のことだよ。

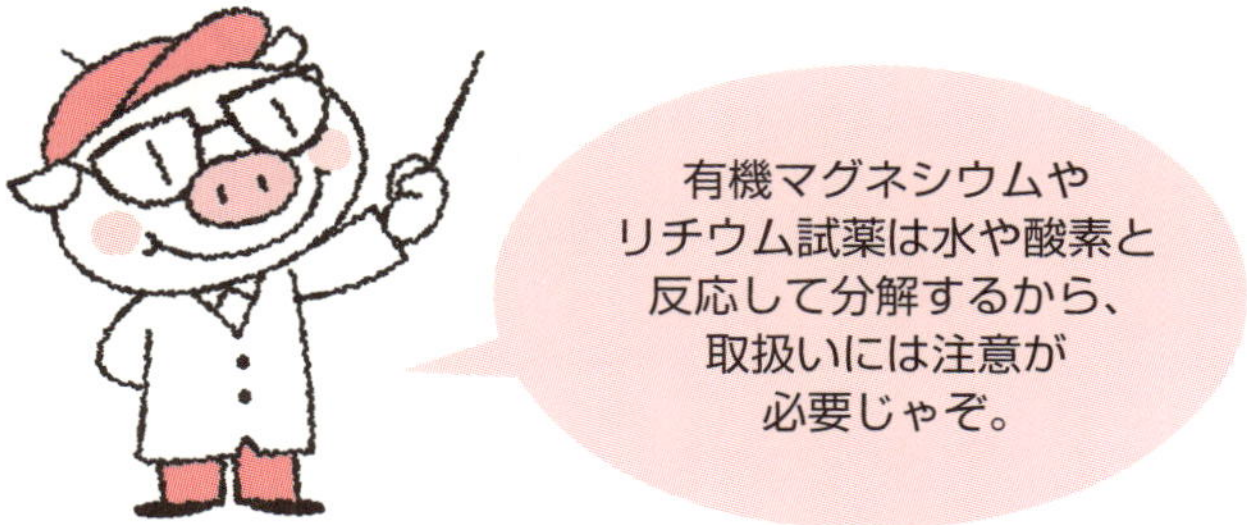
有機マグネシウムや
リチウム試薬は水や酸素と
反応して分解するから、
取扱いには注意が
必要じゃぞ。

グリニャール試薬（北興化学工業）

有機リチウム試薬（東ソー・ファインケム）

MgCl
MgBr
Li
Li

ビニルマグネシウムクロリド

フェニルマグネシウムブロミド

n-ブチルリチウム

tert-ブチルリチウム

トリフルオロメチル化試薬（東ソー・エフテック）

CF_3SiMe_3
ルパート試薬

I
CF_3SiMe_3
KF 金属触媒
CF_3

東ソー・エフテック／相模中央化学研究所

記載の化合物は、各社HP・技術資料から抜粋

61 各種ボロン酸ならおまかせ!

ボロン酸は工業化原料の優等生

クロスカップリング反応の中で、工業利用例が最も多いのが鈴木・宮浦カップリング反応です。この反応に用いられるのが、ボロン酸化合物です。通常の有機金属化合物は、空気や水分に触れると直ぐに分解してしまいますが、ボロン酸化合物は空気や水の存在下でも比較的安定に取り扱うことができます。従って、工業化に際しても、不活性ガスや禁水条件に対応できるような特殊な反応装置を必要としないメリットがあります。また、ボロン酸化合物は結晶性が高く、洗浄操作などにより、容易に高純度化できる利点もあります。こうした特長が、工業的利用が多い要因となっています。

鈴木・宮浦カップリング反応の普及に伴い、現在では、数百種類ものボロン酸化合物が市販されるようになっています。世界中の研究者が、試薬メーカーから提供される豊富な種類のボロン酸化合物を用いて、新しい医薬品や機能材料の合成研究にチャレンジする時代になっています。

代表的なボロン酸化合物について解説します。シクロプロピルボロン酸(Ⓐ)は、医薬品用途で重要な原料となります。アルキル基やフッ素原子を有する芳香族ボロン酸(Ⓑ)及び(Ⓒ)は、液晶材料に利用されます。また、チオフェン骨格を有するボロン酸(Ⓓ)は、有機トランジスタ材料に使用されます。トリフェニルアミンボロン酸(Ⓔ)や縮環芳香族ボロン酸(Ⓕ)は、有機EL材料に多用されています。以上のボロン酸化合物はほんの一例にすぎませんが、様々な構造のボロン酸がラインアップされているのが分かります。

ボロン酸化合物の代表的な供給メーカーとしては、和光純薬工業、東京化成工業が挙げられます。両社は、日本を代表する試薬メーカーであり、大学や企業研究の現場に必要とされる数百種類のボロン酸化合物を試薬供給しています。一部製品は、工業規模でのボロン酸供給にも対応しています。

要点BOX

- ボロン酸は空気や水に安定であり、工業利用し易い性質を有する
- 数百種類のボロン酸が市販されている

水や空気に強いボロン酸化合物

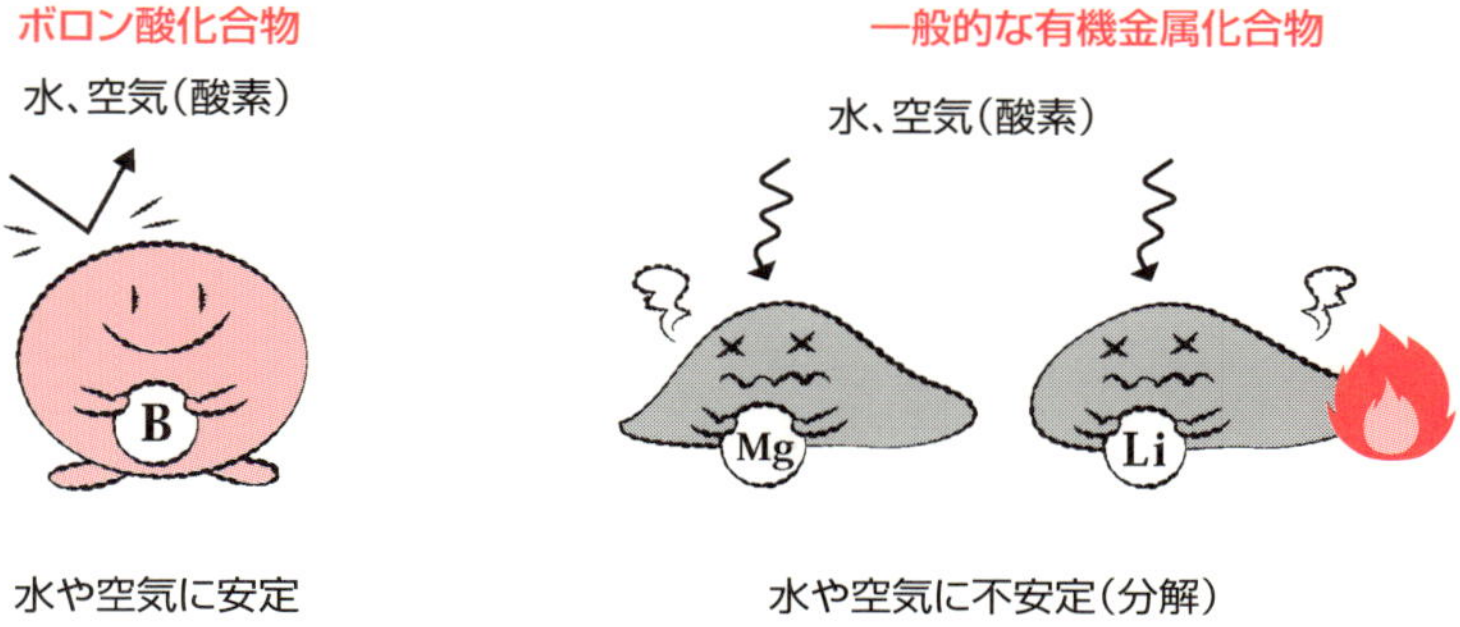
ボロン酸化合物
水、空気（酸素）
B
水や空気に安定
一般的な有機金属化合物
水、空気（酸素）
Mg
Li
水や空気に不安定（分解）

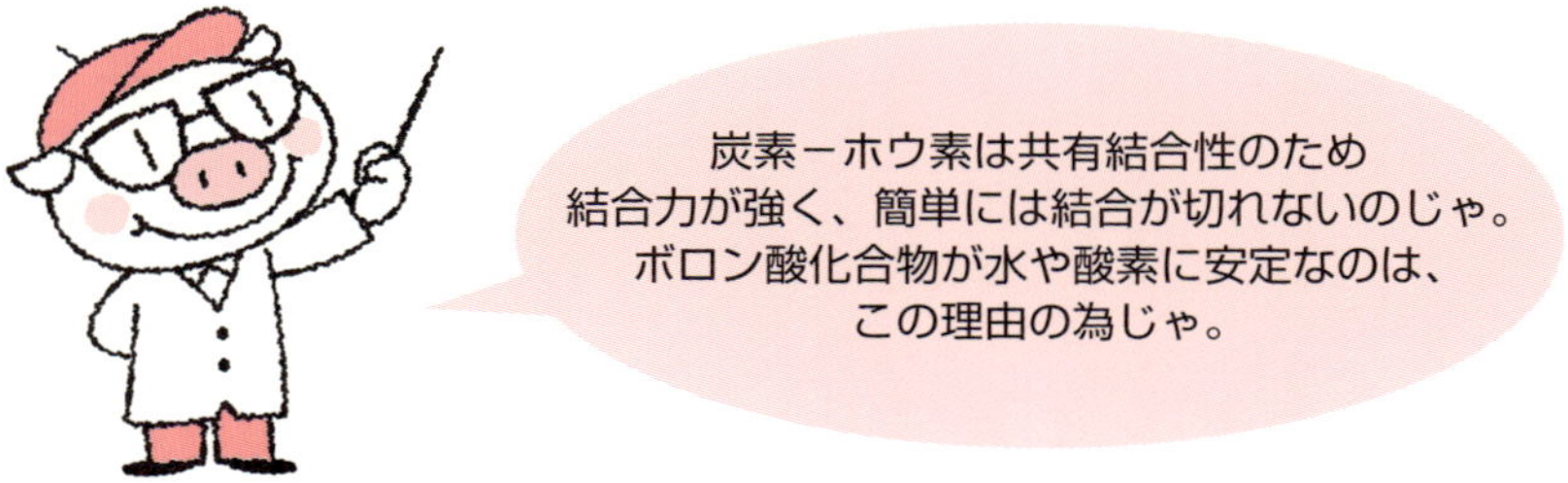
炭素－ホウ素は共有結合性のため
結合力が強く、簡単には結合が切れないのじゃ。
ボロン酸化合物が水や酸素に安定なのは、
この理由の為じゃ。

ボロン酸化合物（和光純薬工業、東京化成工業、他）

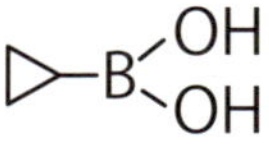

シクロプロピルボロン酸

A

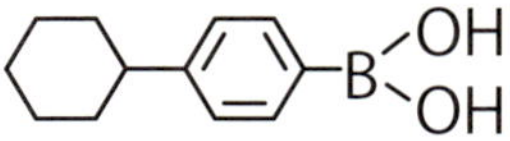

4-シクロヘキシル
フェニルボロン酸

B

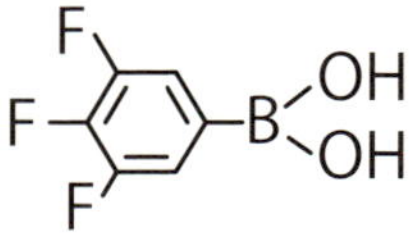

3,4,5-トリフルオロ
フェニルボロン酸

C

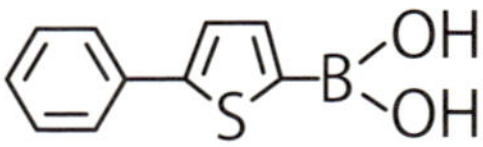

2-フェニル-5-
チオフェンボロン酸

D

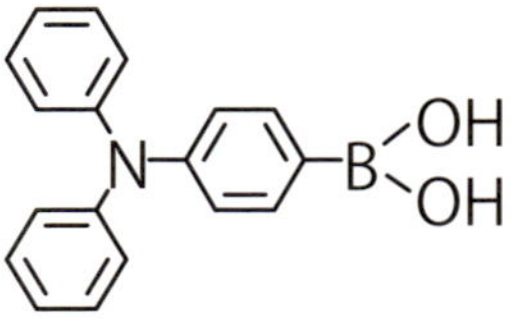

4-(ジフェニルアミノ)
フェニルボロン酸

E

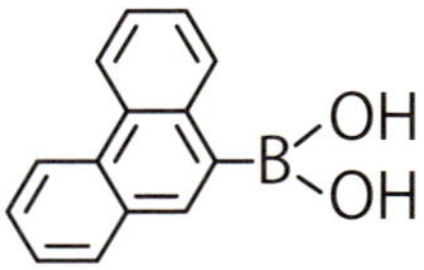

9-フェナントレン
ボロン酸

F

記載の化合物は、各社HP・技術資料から抜粋

62 特殊試薬ならおまかせ！

ボロン酸の欠点は特殊試薬で解決

ボロン酸化合物は、一般的に安定ですが、ヘテロ芳香族ボロン酸やオレフィン系ボロン酸などは、空気や湿気（水分）で分解し易く、この改善が求められています。

北海道大学の研究者（宮浦博士、筆者の山本）らは、この問題を解決する環状トリオールボレート塩を開発しました。例えば、2-ピリジルボロン酸は、湿気により容易に分解するため、長期保管が困難で、カップリング反応成績も低くなる課題がありました。このボロン酸にトリオール化合物と塩基を加えて脱水させたトリオールボレート塩は、空気や湿気にも安定で、長期保管でき、カップリング反応成績も良好になります。数十種類のトリオールボレート塩が和光純薬工業から製造販売されており、有機EL材料合成などの分野で利用されています。

イリノイ大学の研究者らは、MIDA試薬（N-メチルイミノ二酢酸）を開発しました。この試薬も空気や湿気にも安定で、長期保管可能です。カップリング反応は、無水条件では不活性で、含水条件でのみ反応が進行します。この特長を利用して、医薬品化合物の新しい合成ルートの開拓が活発化しています。現在、数十種類のMIDA試薬が、シグマアルドリッチジャパンから販売されています。

京都大学の研究者（杉野目博士）らは、一般的なクロスカップリング条件（塩基性条件）では不活性なB(dan)試薬を開発しました。B(dan)試薬は、酸性条件で脱保護させるとボロン酸に誘導でき、クロスカップリングが進行するようになります。B(dan)を含有するハロゲン化合物（あるいは、ボロン酸化合物）を用いることで、連続的なクロスカップリング反応が可能になり、オリゴアレーン類の効率的な合成法として利用価値が高まっています。現在、十数種類のB(dan)化合物が、和光純薬工業から販売されています。

要点BOX

- ●ボロン酸の安定性を高めた特殊試薬が登場
- ●トリオールボレート、MIDA試薬、B(dan)試薬も市販されている

ボロン酸を更に安定化する手法

ボロン酸は、
空の電子軌道を持つ
（他の化学種から
攻撃を受けやすい）

空の電子軌道を
最初から塞ぐ
（他の化学種からの
攻撃は受けない）

ボロン酸

・通常はこのまま使用する
・まれに不安定なボロン酸も存在

ボレート塩（又はエステル）

・安定度が増し、反応成績アップ
・不安定なボロン酸も使用可能

環状トリオールボレート塩（和光純薬工業）

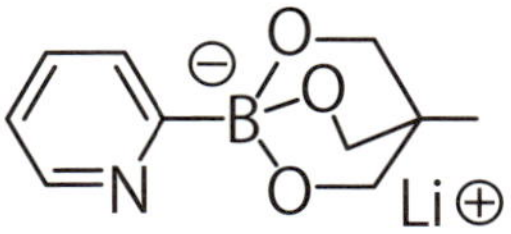

**2-ピリジン環状トリオールボレート
リチウム塩**

B(dan)試薬（和光純薬工業）

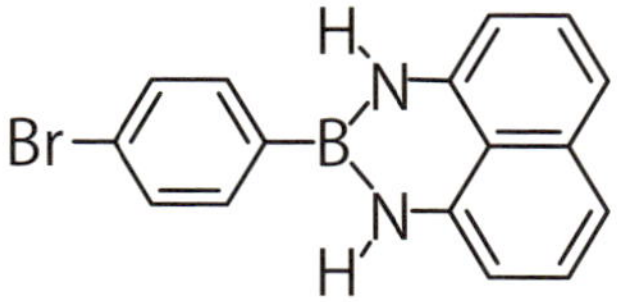

**4-ブロモフェニルボロン酸
1,8-ジアミノナフタレン保護体**

MIDA試薬（シグマアルドリッチジャパン）

***trans*-2-ブロモビニルボロン酸
MIDAエステル**

記載の化合物は、各社HP・技術資料から抜粋

63 クロスカップリング触媒ならおまかせ!

工業的に使用されるパラジウム触媒

クロスカップリング反応に使用される金属触媒は、金属元素と配位子で構成されています。金属元素はパラジウム、ニッケル、銅及び鉄等が挙げられますが、現在最もよく用いられている金属元素はパラジウムです。配位子は、金属元素に配位結合する非共有電子対を有する化合物で、金属元素の安定性と活性化に寄与します。クロスカップリング反応においては、パラジウム金属とホスフィン配位子を組み合わせた触媒が利用されてきました。

クロスカップリング反応の反応性や選択性は、これら金属元素と配位子の組み合わせによって調節することができます。

代表的なパラジウム触媒であるテトラキストリフェニルホスフィンパラジウムは、ヨウ化アリールや臭化アリールと反応しますが、塩化アリールとは通常反応しません。一方、ビス(トリ-*t*-ブチルホスフィン)パラジウムは、塩化アリールであっても容易に反応が進行する高活性触媒です。このようなクロスカップリング用のパラジウム化合物については、ジョンソン・マッセイ・ジャパンが工業規模で製造・販売を行っています。

クロスカップリング反応における金属触媒の改良が進む中で、近年では非リン系の高活性触媒が開発されています。含窒素ヘテロ環カルベン配位子(NHC配位子)を利用したNHC-パラジウム触媒はその代表例で、塩化アリールでも容易に反応する高活性な触媒です。NHC-パラジウム触媒の特長は、その堅牢性と安定性にあります。前述のホスフィン系パラジウム触媒は空気中で徐々に失活しますが、NHC-パラジウム触媒は空気や湿気に対して極めて安定であり、広範囲のクロスカップリング反応を高収率で進行させることができます。NHC-パラジウム触媒の代表的な供給メーカーとしては、ユミコアジャパンが挙げられます。

要点BOX

- ●パラジウム+ホスフィン配位子が工業化触媒として多用されている
- ●NHC-パラジウム触媒が急速に普及

汎用パラジウム触媒（ジョンソン・マッセイ・ジャパン）

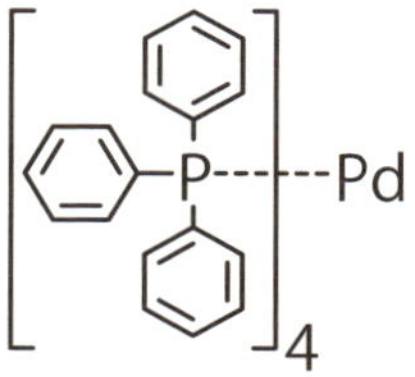

テトラキストリフェニルホスフィン
パラジウム

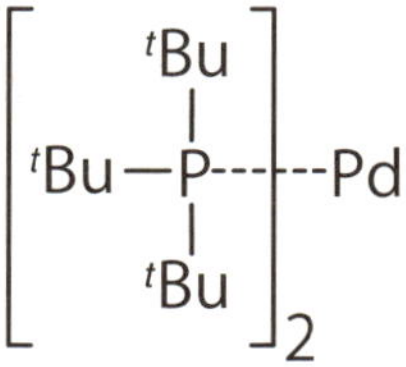

ビス（トリ-*t*-ブチルホスフィン）
パラジウム

NHC-パラジウム触媒（ユミコアジャパン）

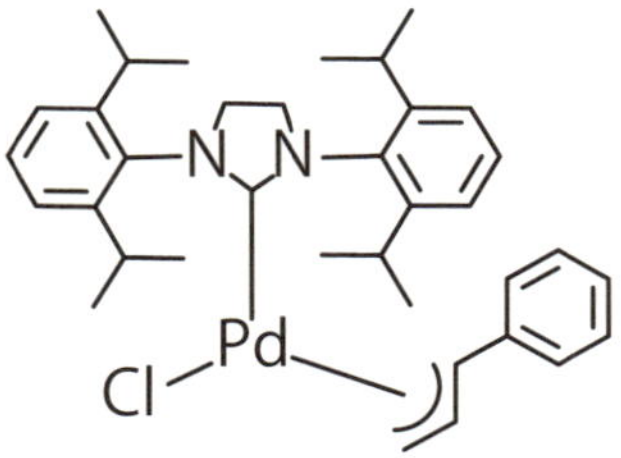

（IPr）Pd（cinnamyl）Cl

記載の化合物は、各社HP・技術資料から抜粋

代表的なパラジウム触媒の特徴

パラジウム触媒種	触媒の安定性	原料に使用できるハロゲン化合物	
		ヨウ化物、臭化物	塩化物
テトラキストリフェニルホスフィンパラジウム	△	○	×
ビス（トリ-*t*-ブチルホスフィン）パラジウム	△	○	○
(IPr）Pd(cinnamyl）Cl	○	○	○

64 クロスカップリング反応ならおまかせ!

パラジウム代替触媒へのチャレンジ

パラジウム触媒（均一系触媒）を用いるクロスカップリング反応は、医薬品や電子材料など数多くの工業製品の合成に利用されるようになっています。一方、パラジウム触媒は、①非常に高価（希少金属）、②製品中からの完全除去が困難などの課題があり、産業界を中心に改良検討が続けられています。

Pd／C触媒（不均一系触媒）は、①反応後の触媒回収が容易、②リサイクル使用可能などの利点があり、クロスカップリング反応でもその利用が期待されています。但し、従来の均一系パラジウム触媒と比較して、反応性が低い点が課題でした。最近の研究では、塩基や反応溶媒種を最適化することにより、鈴木・宮浦カップリング反応が高収率で進行するようになってきました。Pd／C触媒法の工業化は、広栄化学工業が牽引しています。

パラジウム触媒に代わるより安価で安全な触媒として、ニッケル触媒が注目されています。ニッケル触媒は、①触媒が安価、②酸洗浄操作により触媒成分の除去が容易などのメリットが期待できます。しかし、ニッケル触媒を用いるクロスカップリング反応では、反応選択性が低い点が課題となっていました。最近の研究では、触媒配位子の最適化により、鈴木・宮浦カップリング反応が高収率で進行するようになってきました。ニッケル触媒法の工業化は、住友化学や東ソーが牽引しています。

鉄触媒は、究極のグリーン触媒（安全、安価触媒）として、クロスカップリング反応への利用が期待されています。しかし、鉄触媒を用いるクロスカップリング反応は、反応活性・反応選択性共に非常に低くその実用化は困難とされてきました。最近の研究では、触媒配位子や添加剤などの工夫により、様々なタイプの熊田・玉尾・コリューカップリング反応が高収率で進行するようになってきました。鉄触媒法の工業化は、東ソーが牽引しています。

要点BOX

- Pd／C触媒はリサイクル使用できる
- 産業分野では、パラジウム代替触媒（ニッケル触媒、鉄触媒）の技術進展が著しい

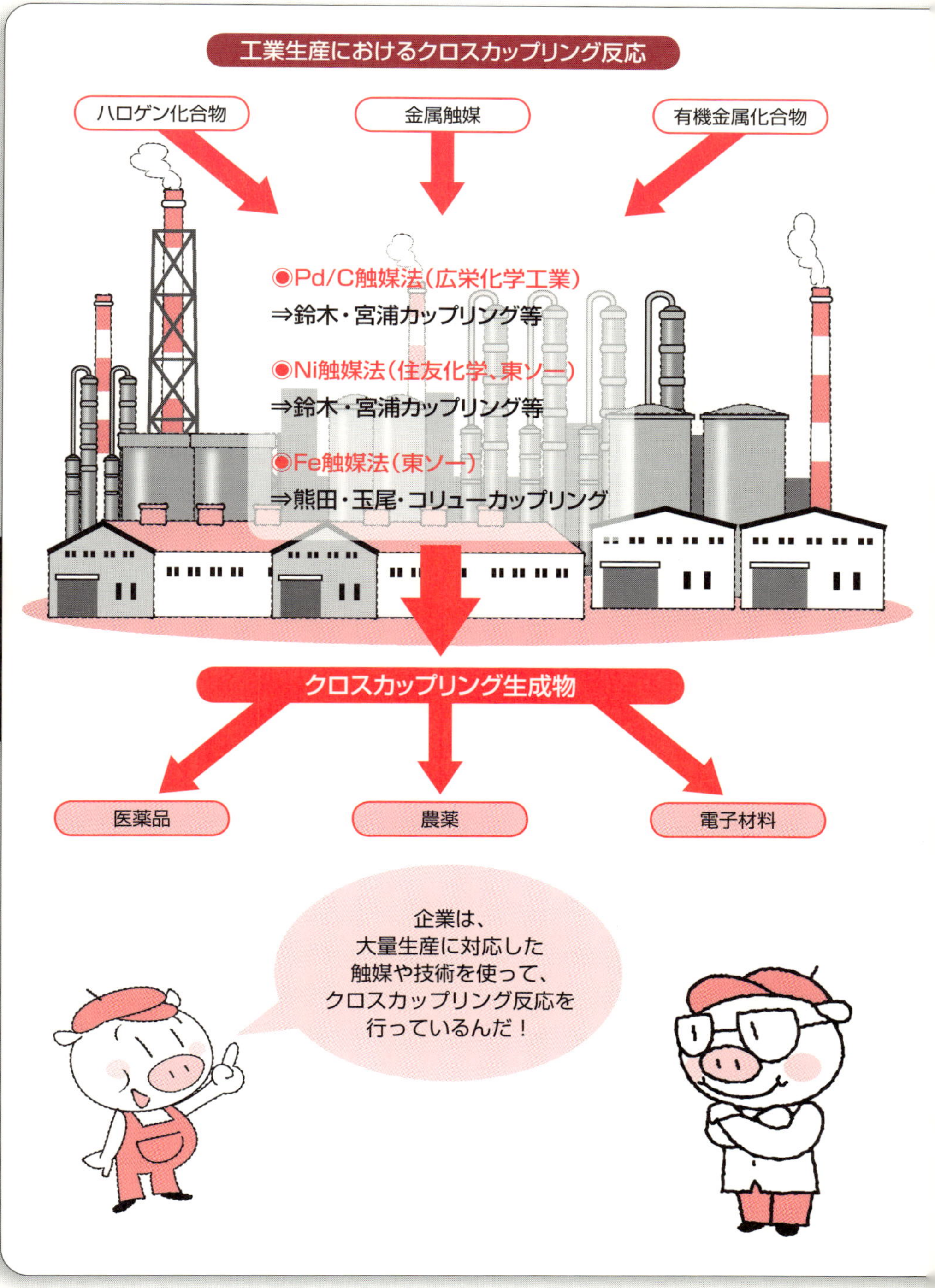
工業生産におけるクロスカップリング反応
ハロゲン化合物
金属触媒
有機金属化合物
◉Pd/C触媒法（広栄化学工業）
⇒鈴木・宮浦カップリング等
◉Ni触媒法（住友化学、東ソー）
⇒鈴木・宮浦カップリング等
◉Fe触媒法（東ソー）
⇒熊田・玉尾・コリューカップリング
クロスカップリング生成物
医薬品
農薬
電子材料
企業は、
大量生産に対応した
触媒や技術を使って、
クロスカップリング反応を
行っているんだ！

65 精製技術ならおまかせ!

微量金属不純物の除去方法

　クロスカップリング反応生成物は、医薬品、農薬、電子材料に活発に利用されており、用途に応じた高いレベルの精製度(品質)が要求されます。特に、クロスカップリング反応は、有機金属化合物や金属触媒を使用するため、製品中に金属不純物が残存する課題があります。医薬品や電子材料分野では、製品中の金属分スペックが厳しく、その精製法が工業化の大きな技術課題となっています。

　最近では、金属不純物を効果的に除去する方法として、イオン交換法が注目されています。溶媒に可溶性の製品(医薬品、電子材料)は、クロスカップリング反応後に、特殊加工したイオン交換樹脂と接触させることにより、製品中からの金属不純物除去が可能となります。この分野は、オルガノが牽引しています。オルガノでは、各種の精製ニーズに対応するため、様々なタイプのイオン交換樹脂をラインアップしています。医薬品やレジスト材料の製造分野では、工業化技術として広く利用されています。

　一方、有機EL材料のような電子材料では、溶媒への溶解度が非常に低い製品が多く、イオン交換樹脂での金属不純物除去は難しくなります。このような有機EL材料の精製には、昇華精製という精製法が適しています。昇華精製とは、物質の昇華現象(固体→気体→固体)を利用した精製法です。通常は、高真空条件下に、加熱部と冷却部を備えた昇華精製装置を用いて実施します。この精製法を用いれば、有機EL材料のような難溶解性物質も、昇華現象を利用して精製できます。金属不純物は、昇華することはないので釜残として分離されます。

　国内では、協真エンジニアリングやALSテクノロジーが昇華精製装置を製造・販売しています。また、ナード研究所や神戸天然物化学などが、有機EL材料を中心とした昇華精製を専門に受託する体制を整えています。

要点BOX

- クロスカップリング後は金属除去がポイント
- 医薬品はイオン交換樹脂で、有機EL材料は昇華精製で金属不純物を除去

イオン交換法（オルガノ）

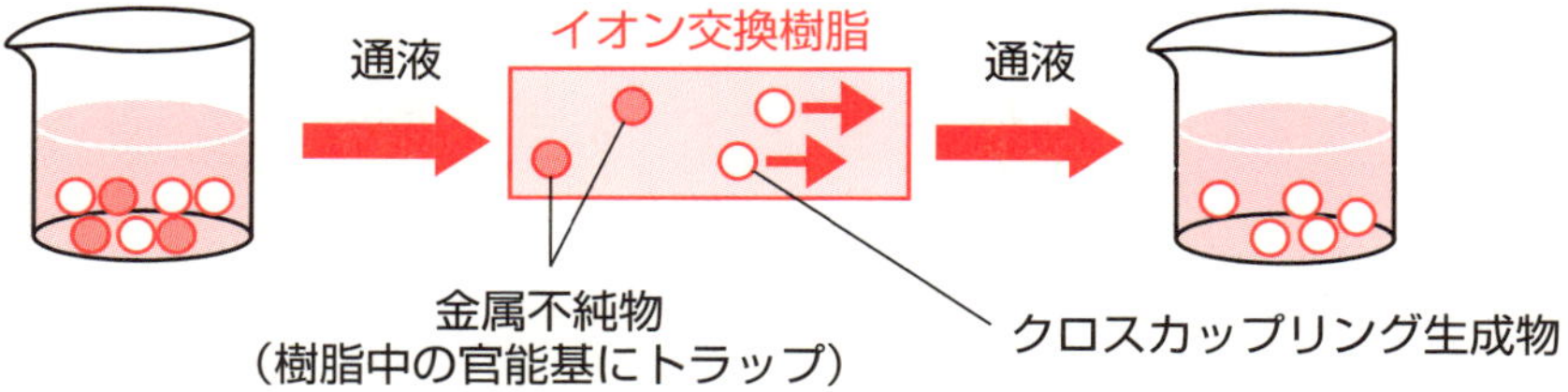

イオン交換樹脂「アンバーリスト」の例

グレード名	10JS-HG・DRY	B20-HG・DRY
分類	強酸性・多孔質	弱塩基性・多孔質
官能基	スルホン酸	3 級アミン

昇華精製（ナード研究所、神戸天然物化学）

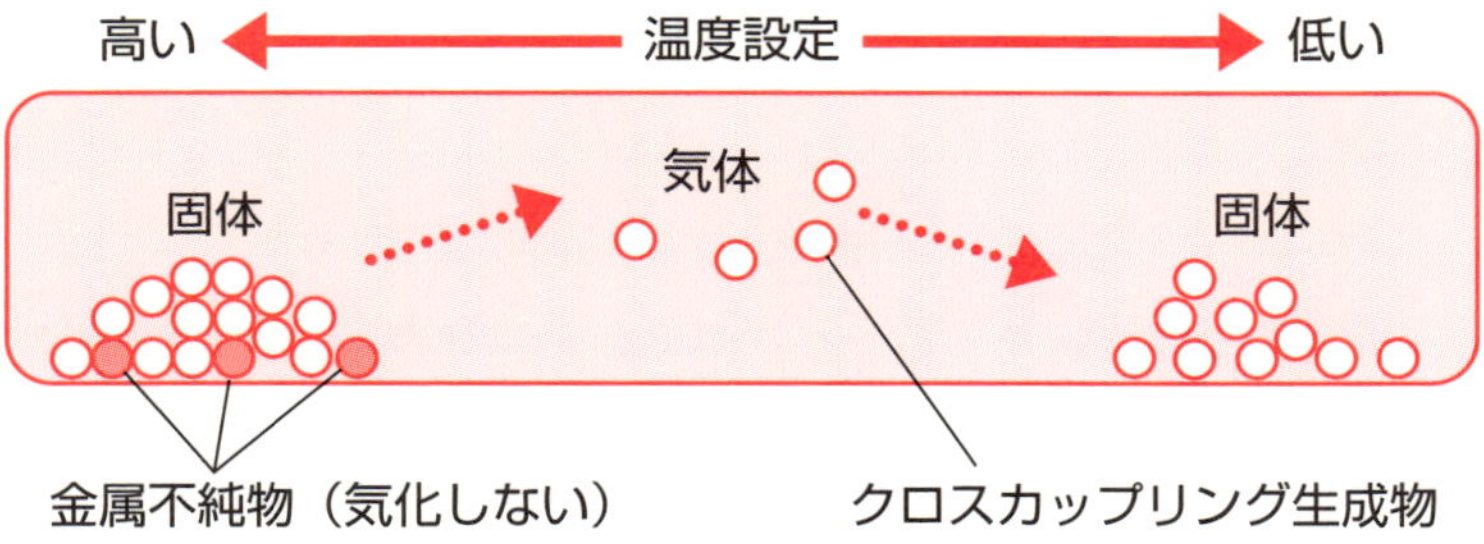

触媒がなくてもできたと思ったら

２００３年にパラジウム触媒がなくても反応する鈴木・宮浦カップリング反応が報告されました。これまで絶対に無くてはならないと考えられていたパラジウム触媒を使わずに有機ハロゲン化合物と有機ホウ素化合物を炭酸ナトリウムの水溶液に加え、電子レンジ（マイクロ波照射）で加熱する反応でした。

マイクロ波が直接分子に届き振動することで発熱するため反応すると考えられました。触媒となるパラジウムやニッケル、白金、銅などが本当にどこからも混入していないか徹底的に調べられました。しかし、どこからも触媒は検出されませんでした。ところが2年後の２００５年にこの報告は訂正されます。パラジウムなど金属の検出感度がさらに高い分析装置を使用して反応に使った物質を再測定したところ、塩基として使用していた炭酸ナトリウムの中にわずかにパラジウムが含まれていたことが突き止められました。

塩基に含まれる不純物程度のパラジウムが触媒となり反応が進行することが発見されました。不純物のパラジウムの濃度は50ppb（ppbは10億分の一）で、その触媒量は、有機ハロゲン化合物に対して０・００００００８％という量でした。一般的な鈴木・宮浦反応に使われるパラジウム触媒の量が有機ハロゲン化合物に対して0.2～5％ですので、非常に少ないことがわかります。触媒の効率を表す数値に、触媒1分子が反応終了までに触媒サイクルを何回転したかを表す触媒回転数というものがあります。この報告の反応の場合１２５万回という驚くべき触媒の効率であることがわかりました。

微量不純物によって反応が進行した例は、他にもあります。２００８年に報告された鉄触媒を使った鈴木・宮浦反応です。当初報告された条件では、反応が進行し難い時がたまにあることがありました。詳細に調べた結果、この場合も反応に使っていた物質に極わずかに混入していたパラジウムにより反応が進行している可能性が指摘され２００９年に論文が撤回されています。２００７年にも鉄触媒によるバックワルド・ハートウィグ反応が報告されましたが、用いる鉄触媒の純度により反応に違いが出ることが突き止められました。鉄触媒に極微量の銅やニッケルが含まれているために反応が進行してることがわかりました。このように反応に用いる物質の純度を注意深く分析することが新しい発見につながります。

【参考文献】

1)『人名反応に学ぶ有機合成戦略』ラズロー・カーティー、バーバラ・ザコー著、富岡清監訳　化学同人(2006)

2)『クロスカップリング反応 基礎と産業応用』共田弘和・町田博編集　シーエムシー出版(2010)

3)『世界を変えた化学反応　鈴木章とノーベル賞』鈴木章監修　北海道新聞社(2011)

4)『鈴木章ノーベル化学賞への道』北海道大学CoSTEP　北海道大学出版会(2011)

5)『化学と工業Vol.64、No.1　特集：クロスカップリング反応の軌跡』日本化学会(2011)

6)『有機遷移金属化学』小澤文幸・西山久雄著　朝倉書店(2016)

7)『化学ってそういうこと!　夢が広がる分子の世界』日本化学会編　化学同人(2003)

8)『化学者たちの感動の瞬間』有機合成化学協会編　化学同人(2006)

9)『決定版　感動する化学　未来をひらく化学の世界』日本化学会編　東京書籍(2010)

10)『電子ディスプレイのすべて』内田龍男 監修、工業調査会(2006)

11)『液晶便覧』液晶便覧編集委員会、丸善(2000)

12)『有機エレクトロニクス』長谷川悦雄 編著、工業調査会(2005)

13)『有機ELディスプレイ』時任静士、安達千波矢、村田英幸 著、オーム社(2004)

14)『トコトンやさしい有機ELの本(第2版)』森竜雄 著、日刊工業新聞社(2015)

15)『よくわかる半導体LSIのできるまで』日刊工業新聞社(2002)

16)『トコトンやさしいフッ素の本』山辺正顕 監修、日刊工業新聞社(2012)

17)『プロセス化学(第2版)：医薬品合成から製造まで』村瀬徳晃 監修、丸善出版(2014)

18)『医薬品の合成戦略』有機合成化学協会 編、化学同人(2015)

19)『がんの分子イメージング』浦野泰照 編、化学同人(2015)

20)『ファルマシア　Vol.49、No.7』日本薬学会(2013)

21)『ファルマシア　Vol.43、No.10』日本薬学会(2007)

22)『NHK技研R&D』No.145(2014)

23)『化学と教育　Vol.57、No.9　特集：日本発の人名反応』日本化学会(2009)

24)『月刊ファインケミカルVol.40、No.12　特集：クロスカップリングの進化』シーエムシー出版(2011)

25)『月刊ファインケミカルVol.41、No.10　特集：CH結合の活性化研究』シーエムシー出版(2012)

26)『月刊ファインケミカルVol.41、No.11　特集：鉄触媒の最新研究動向』シーエムシー出版(2012)

27)『THE CHEMICAL TIMES 240号　特集：クロスカップリング反応』関東化学株式会社(2016)

28)『科学　2011年1月号』岩波書店(2011)

29)『化学Vol.65、No.12』化学同人(2010)

30)『化学Vol.66、No.1』化学同人(2011)

31)『現代科学　No.477』東京化学同人(2010)

32)『現代科学　No.471』東京化学同人(2010)

33)『現代科学　No.479』東京化学同人(2011)

34)『日経サイエンス2010年12月号』日経サイエンス(2010)

35)『Newton　2011年1月号』ニュートンプレス(2011)
36)『第21回万有福岡シンポジウム要旨集』万有生命科学振興国際交流財団(2011)
37)『和光純薬時報Vol.78、No.3』和光純薬工業株式会社(2010)
38) Hisashi Doi、"Pd-mediated rapid cross-couplings using [^{11}C]-methyl iodide: groundbreaking labeling methods in ^{11}C radiochemistry"、J. Label Compd. Radiopharm 2015、58 p.73-85
39) 理化学研究所ライフサイエンス技術基盤研究センターホームページ(http://www.clst.riken.jp/ja/)
40) オルガノ株式会社ホームページ(http://www.organo.co.jp/)
41) ナード株式会社ホームページ(http://www.nard.co.jp/)
42) 名古屋大学トランスフォーマティブ生命分子研究所ホームページ(http://www.itbm.nagoya-u.ac.jp/index-ja.php)
43) 山形大学ホームページ(http://www.yamagata-u.ac.jp/jp/)
44) 五稜化薬株式会社ホームページ(http://goryochemical.com/)
45) 東京工業大学ホームページ(http://www.titech.ac.jp/news/2015/030831.html)
46) ノーベル財団ホームページ(http://www.nobelprize.org/)
47) マナック株式会社ホームページ(http://www.manac-inc.co.jp/)
48) 東ソー・ファインケム株式会社ホームページ(http://www.tosoh-finechem.com/jp/)
49) 東ソー・エフテック株式会社ホームページ(http://www.f-techinc.co.jp/)
50) 東ソー有機化学株式会社ホームページ(http://www.tosoh-organic.co.jp/)
51) 北興化学工業株式会社ホームページ(https://www.hokkochem.co.jp/)
52) 和光純薬工業株式会社ホームページ(http://www.wako-chem.co.jp/)
53) 東京化成工業株式会社ホームページ(http://www.tcichemicals.com/ja/jp/)
54) シグマアルドリッチジャパンホームページ(http://www.sigmaaldrich.com/japan.html/)
55) ジョンソン・マッセイ　ジャパンホームページ(http://www.jmj.co.jp/fcc/index.html)
56) ユミコアジャパン株式会社ホームページ(http://www.umicore.jp/ja/)
57) 広栄化学工業株式会社ホームページ(http://www.koeichem.com/index-j.htm)
58) 住友化学株式会社ホームページ(https://www.sumitomo-chem.co.jp/)

マ

ヤ

ラ

ワ

索引

●監修者

鈴木 章（すずき・あきら） 理学博士

〈経歴〉

・1956年 北海道大学大学院理学研究科 修士課程修了
・1959年 北海道大学理学部 助手
・1960年 理学博士（北海道大学）
・1961年 北海道大学工学部合成化学工学科 助教授
・1973年 北海道大学工学部応用化学科 教授
・1979年「鈴木・宮浦クロスカップリング反応」を開発・発表
・1994年 北海道大学定年退官 名誉教授

〈受賞歴〉

・2010年 ノーベル化学賞（クロスカップリング反応の開発）
・2010年 文化勲章・文化功労者

●著者

山本 靖典（やまもと・やすのり） 博士（工学）

〈経歴〉

・1993年 北海道大学大学院応用化学専攻科 修士課程修了
・1993年 三菱化成株式会社 入社
・1995年 北海道大学大学院工学研究科 助手
・2003年 博士（工学）（北海道大学）
・2012年 北海道大学大学院工学研究院 特任准教授

〈受賞歴〉

・2007年 日本化学会北海道支部奨励賞（クロスカップリング反応の基礎研究）

江口 久雄（えぐち・ひさお） 工学博士

〈経歴〉

・1988年 九州大学大学院総合理工学研究科 修士課程修了
・1988年 東ソー株式会社 入社
・1994年 工学博士（山口大学）
・1994年 東ソー株式会社 化学研究所 研究リーダー
・2010年 東ソー・ファインケム株式会社 事業企画室 室長
・2014年 東ソー株式会社 有機材料研究所 所長

〈受賞歴〉

・2011年 有機合成化学協会賞（クロスカップリング反応の工業化）

宮崎 高則（みやざき・たかのり）

〈経歴〉

・2004年 九州大学大学院理学府 修士課程修了
・2004年 東ソー株式会社 入社
・2015年 東ソー株式会社 有機材料研究所 主任研究員

今日からモノ知りシリーズ
トコトンやさしい
クロスカップリング反応の本

NDC 434

2017年5月30日　初版1刷発行

監　修　鈴木　章
©著者　山本 靖典
　　　　江口 久雄
　　　　宮崎 高則
発行者　井水 治博
発行所　日刊工業新聞社
　　　　東京都中央区日本橋小網町14-1
　　　　(郵便番号103-8548)
　　　　電話　書籍編集部　03(5644)7490
　　　　　　　販売・管理部　03(5644)7410
　　　　FAX　03(5644)7400
　　　　振替口座　00190-2-186076
　　　　URL　http://pub.nikkan.co.jp/
　　　　e-mail　info@media.nikkan.co.jp
印刷・製本　新日本印刷(株)

●DESIGN STAFF
AD――――――志岐滋行
表紙イラスト――――黒崎　玄
本文イラスト――――輪島正裕
ブック・デザイン――熱田　肇
　　　　　　　　(志岐デザイン事務所)

●
落丁・乱丁本はお取り替えいたします。
2017 Printed in Japan
ISBN　978-4-526-07715-9 C3034